AF648835

DAS NAPHTALIN

IN DER HEILKUNDE

UND IN DER LANDWIRTHSCHAFT.

MIT BESONDERER RÜCKSICHT AUF SEINE VERWENDUNG

ZUR

VERTILGUNG DER REBLAUS.

VON

DR. MED. ERNST FISCHER

PRIVATDOCENT DER CHIRURGIE

AN DER KAISER-WILHELMS-UNIVERSITAET STRASSBURG.

STRASSBURG.

VERLAG VON KARL J. TRÜBNER.

1883.

DEN HERREN PROFESSOREN

HOPPE-SEYLER

UND

LÜCKE

EHRFURCHTSVOLLST GEWIDMET

VOM

VERFASSER.

Die von mir seit dem Monat September 1881 angestellten Untersuchungen über die Verwendbarkeit des Naphtalin zu medicinischen und landwirthschaftlichen Zwecken [1] haben seitdem verschiedene Erweiterungen erfahren, welche es räthlich erscheinen lassen, den jetzigen Stand der Ergebnisse im Folgenden zusammenzufassen.

[1] E. Fischer, Ein neues Antisepticum. Eingesandt an die Redaction der Berliner Klinischen Wochenschrift am 1. November 1881, abgedruckt in der genannten Wochenschrift im Jahrgang 1881 N° 48 pag. 710.

E. Fischer, Untersuchungen über die Wirkung des Naphtalin. Eingesandt an die Redaction der Berliner Klinischen Wochenschrift am 5. Januar 1882; abgedruckt in der genannten Wochenschrift im Jahrgang 1882 N° 8 und N° 9.

E. Fischer, Ueber den Wundverband mit Naphtalin; Vortrag, gehalten am 4. Sitzungstage des XI. Congresses der Deutschen Gesellschaft für Chirurgie zu Berlin am 3. Juni 1882; abgedruckt in v. Langenbeck's Archiv für klinische Chirurgie Band XXVIII Heft 2; vergleiche auch den Auszug daraus in dem Centralblatt für Chirurgie 1882 N° 29 Beilage.

Nach mir hat dann Herr Professor Dr. Fürbringer in Jena in der Berliner Klinischen Wochenschrift Jahrgang 1882 N° 10 das «Naphtalin als Antiscabiosum» behandelt.

Das Naphtalin ist ein weisser krystallinischer Körper, ein Kohlenwasserstoff von der Formel $C_{10} H_8$, bisher weder von den Chemikern noch von den Aerzten, noch überhaupt vom Publicum in dem Masse beachtet und gewürdigt, wie er es verdient, vielleicht weil Vielen zu wenig bekannt. Und doch treten wir Alle fast täglich und stündlich, bewusst oder unbewusst, mit diesem Körper in mehr oder weniger nahe Berührung. Er bildet sich überall da, wo organische Körper, besonders wasserreiche, verbrennen. Der Rauch der Schornsteine, der Qualm der Locomotive, der Rauch des Tabaks enthält

Ferner hat sodann Herr Stabsarzt Dr. Anschütz in Königsberg in dem Centralblatt für Chirurgie 1882 N° 32 «Resultate einiger Versuche mit dem Naphtalinverbande» unter Bezugnahme auf meine Publicationen veröffentlicht.

Eine weitere Mittheilung machte vor einiger Zeit Herr Dr. H. Höftman in Königsberg in dem Centralblatt für Chirurgie 1882 N° 43: «Versuche über das Naphtalin als Verbandmittel.» Vortrag gehalten am 20. März in der medicinischen Gesellschaft zu Königsberg.

Diesen Veröffentlichungen schliessen sich aus jüngster Zeit noch an:

P. J. Djakonow «Wundverband mit Naphtalin.» Wratsch 1882 N° 39, und St-Petersburger med. Zeitschrift 1882 N° 44 (vergleiche die betreffenden Referate im Centralblatt für Chirurgie 1882 N° 49 und 1883 N° 1).

Hager «Ueber den Naphtalinverband», aus dem Allgemeinen Krankenhause zu Hamburg. Original-Mittheilung im Centralblatt für Chirurgie 1882 N° 50.

Endlich hat, auf Veranlassung von Herrn Professor Dr. Lücke, in neuester Zeit Herr Dr. Karl Bonning «Ueber die Wundbehandlung mit Naphtalin» (Strassburg, Universitäts-Buchdruckerei von J. H. Ed. Heitz 1882 in-8° 103 S.) die in der Strassburger chirurgischen Klinik sowie die auf einigen anderen Abtheilungen des Strassburger Bürgerspitals gemachten Erfahrungen, betreffend die Anwendung des Naphtalin in der Heilkunde, zusammengestellt.

Aus den genannten Abhandlungen habe ich für die obigen Auseinandersetzungen das Nöthige entnommen.

beträchtliche Mengen Naphtalin: die Conservirung des Fleisches durch das Räuchern beruht, wenigstens zum Theil, auf der antiseptischen Wirkung des Naphtalin. Im Steinkohlentheer ist das Naphtalin in sehr grossen Mengen enthalten, verstopft nicht selten die Gasröhren vollständig und wird aus den Rückständen der Gasfabriken mit Leichtigkeit in grossen Mengen gewonnen. Dies sowohl als auch die geringe Verwendbarkeit des Mittels in der Grossindustrie bedingen seinen niedrigen Preis.

Garden hat im Jahre 1820 das Naphtalin zuerst aus dem Steinkohlentheer dargestellt. Es ist bei jeder Temperatur flüchtig; es schmilzt bei 79,2° C, siedet bei etwa 214° und hat bei gewöhnlicher Temperatur das specifische Gewicht von etwa 1,1. In Wasser und Wundflüssigkeiten ist es fast ganz unlöslich, ebenso in Laugen und verdünnten Säuren; leicht löslich dagegen in Aether schon bei gewöhnlicher Temperatur, ferner leicht löslich in heissem Alkohol, in heisser concentrirter Schwefelsäure und in verschiedenen flüchtigen und fetten Oelen. Bei 150° C sublimirt es ziemlich rasch in dünnen Blättchen, mit Wasserdämpfen wird es sehr leicht fortgerissen, so dass man Spuren desselben in wässerigen Lösungen, Urin, Koth etc., durch einfaches Ueberdestilliren unschwer nachweisen kann, indem die Naphtalinkrystallblättchen sich auf dem überdestillirten Wasser sowie an den Wänden der kühlen Vorlage ansetzen. Will man die Luft eines begrenzten Raumes, z. B. eines Krankensaales, in kurzer Zeit mit Naphtalingas sättigen[1], so braucht man nur einen Topf mit Wasser, welchem Naphtalin zugesetzt ist, hineinzubringen und das Wasser zu erhitzen; es geht

[1] Behufs Desinfection, Zerstörung etwaiger Schimmelpilze, Vertreibung von Insecten oder zur Inhalation für Kranke.

dann sehr bald Naphtalin in reichlicher Menge in die Luft über und schlägt sich bei fortwährend neuer Zufuhr an den Wänden des Raumes theilweise nieder. Streut man Naphtalinkrystalle einfach auf den Boden, so findet dasselbe statt, nur langsamer.

Das Naphtalin ist brennbar und brennt mit stark russender Flamme; feuergefährlich ist es nicht mehr als Kleider, Papier, Möbel etc. Das Naphtalin hat einen durchdringenden Geruch und einen an Theer erinnernden Geschmack. Das Naphtalingas mischt sich sehr leicht der atmosphärischen Luft bei; es diffundirt ferner leicht in wässerige Flüssigkeiten hinein, so dass dieselben bei längerer Berührung mit Naphtalingas einen deutlichen Geruch nach Naphtalin annehmen.

Um chemisch reines Naphtalin von solchem mit etwaigen Phenolbeimengungen zu unterscheiden, mache man folgende Reaction, welche ich Herrn Dr. Gustav Schultz, Privatdocenten der Chemie in Strassburg, verdanke: Man versetze eine kleine Menge Naphtalin (im Reagensgläschen) mit sehr verdünnter Natronlauge, erhitze kurze Zeit bis zum Kochen, lasse erkalten und filtrire. Waren Phenole in dem Naphtalin, so befinden sich dieselben im Filtrat in Lösung. Setzt man dem Filtrat, nachdem man schwach angesäuert, Bromwasser zu, so tritt bei Anwesenheit von Phenolen eine Opalescenz, resp. bei Anwesenheit grösserer Mengen ein weisser Niederschlag von Bromphenol auf. Da alle mir im Handel vorgekommenen Naphtalinpräparate Phenolbeimengungen zeigten, so ersuchte ich die Firma Ohlgardt und C°, chemische Fabrik in Kehl am Rhein, zum Gebrauch in der Strassburger chirurgischen Klinik ein reines Präparat zu besorgen. Diesem Ersuchen wurde nicht nur sofort entsprochen, sondern obige Firma erklärte sich bereit, dieses reine

Präparat auf Lager zu halten, und lässt das Kilogramm für 1 Mark ab.

Um Beimengungen von Theerbasen in dem Naphtalin nachzuweisen, theilte Herr Ohlgardt mir vor Kurzem ein sehr bequemes Verfahren mit. Man löse eine Portion des zu untersuchenden Naphtalin in heissem Alkohol und lasse erkalten: dabei scheidet sich das Naphtalin krystallinisch aus und setzt sich zu Boden, während etwa vorhandene Theerbasen auf der Oberfläche des Alkohols in Form eines öligen Ueberzugs schwimmen.

Während das Naphtalin für höhere Thiere und für Menschen weder als Gas eingeathmet, noch in Substanz, sei es innerlich sei es äusserlich angewendet, giftige Erscheinungen hervorruft, besitzt es höchst differente Eigenschaften für niedere Organismen pflanzlicher wie thierischer Art (Schimmelpilze, Sprosspilze, Spaltpilze, Insecten etc.), indem dieselben der längeren Einwirkung des Gases nicht zu widerstehen vermögen. Das Naphtalin gehört daher mit in die Reihe der antiseptisch wirkenden Substanzen und ist in der Strassburger chirurgischen Klinik seit September 1881 in zahlreichen Fällen beim Wundverbande mit Erfolg angewendet worden.

ERSTER ABSCHNITT.

Verwendung des Naphtalin in der Heilkunde.

Bereits im Jahre 1842 wurde das Naphtalin in einer Publication von Rossignon als Heilmittel empfohlen. Da diese mir im Original nicht zugänglich ist, gebe ich den Hauptinhalt derselben nach einem im Annuaire de Thérapeutique, de matière médicale, de pharmacie et de toxicologie pour 1843, pag. 64 (Paris 1843) erschienenen Auszuge wieder :

«Naphtaline, son emploi médical (ROSSIGNON). Suivant M. Rossignon, la naphtaline possède beaucoup des propriétés physiques et physiologiques du camphre. Elle peut le remplacer dans l'art de guérir, et même être utilisée avec avantage pour détruire les insectes dans les engrais pulvérulents et dans quelques terres, emploi pour lequel le camphre, en raison de son prix trop élevé, n'aurait pu être mis à profit. La naphtaline, amenée à l'état de pureté absolue, peut aujourd'hui être donnée à 3 francs les 500 grammes; elle se dissout facilement dans l'alcool faible, et forme ainsi un alcoolé qui a toutes les propriétés de l'eau-de-vie camphrée, sans coûter la moitié du prix de cette dernière.

« La médecine vétérinaire et même la médecine humaine, doivent donc trouver dans cette substance une ressource véritablement avantageuse. En outre, la naphtaline s'associe parfaitement aux corps gras, et les pommades ainsi obtenues peuvent être employées en frictions dans les cas de contusions, d'entorses, etc. Donnée à l'intérieur, la naphtaline produit d'excellents effets dans les affections vermineuses. Déjà même on a remplacé le camphre par la naphtaline, dans un grand nombre de préparations dont cet agent fait partie, et leur application a été suivie des mêmes succès : des inflammations chroniques des paupières, rebelles à tous les autres modes de traitement, ont cédé à la seule influence de la pommade naphtalinée.»

Wie aus diesem Referat ersichtlich, hat Rossignon das Naphtalin weder zur Behandlung von Wunden, noch zur Behandlung von parasitären Hautkrankheiten empfohlen. Wohl aber kommt es bei ihm bereits zur Bekämpfung der Parasiten des Darmcanals (Würmer) zur Verwendung.

In demselben Jahre 1842 erschien folgende Abhandlung von Alphonse Dupasquier[1]:

«Quand on met en contact avec la langue, seulement un ou deux centigrammes de naphtaline, on ne tarde pas à avoir la sensation d'une saveur forte, âcre et un peu désagréable, qui est un des caractères physiques de ce carbure d'hydrogène. Bientôt on éprouve sympathiquement, ou plutôt par continuité, depuis le voile du palais et l'extrémité supérieure du pharynx, jusqu'à la muqueuse qui tapisse les bronches, une sensation de chaleur qui s'accroît peu à peu et se change en un picotement incommode, lequel ne tarde pas à déterminer la toux et l'expulsion d'un ou de plusieurs crachats, s'il se trouve du mucus bronchique ou des mucosités filantes accumulées dans les voies aériennes. Cet effet, qui est celui propre aux médicaments incisifs, expectorants, est infiniment plus prononcé avec la naphtaline, que lorsqu'il est produit par la gomme ammoniaque, le baume de Tolu, l'acide benzoïque, etc., qui sont regardés comme les plus énergiques, parmi les agents thérapeutiques de cette classe. La naphtaline d'ailleurs exerce non-seulement une stimulation plus forte, plus incommode, plus propre à déterminer la toux, que celle produite par les incisifs ordinaires; elle présente encore cet avantage, que son influence stimulante se prolonge très-longuement et paraît longtemps augmenter d'intensité au lieu de s'affaiblir.

«Cette propriété si remarquable, mais non signalée

[1] Emploi de la naphtaline comme médicament incisif, expectorant, formules pour son administration, im Journal de Pharmacie et de Chimie, Décembre 1842 pag. 513.

encore, de la naphtaline, m'a fait penser que cette substance chimique pourrait prendre rang et même être placée en première ligne parmi les médicaments qui appartiennent à la médication incisive ou expectorante. L'expérimentation clinique a complètement confirmé cette prévision. La naphtaline, employée dans les cas où une vive stimulation de la muqueuse bronchique est nécessaire, et même urgente, a produit d'excellents résultats. C'est ce qui est arrivé, par exemple, chez un assez grand nombre de vieillards débiles, atteints de catarrhe pulmonaire chronique, et arrivés à un état de suffocation imminente, par l'effet de l'impossibilité où ils étaient d'expulser les matières muqueuses ou glutineuses qui obstruaient les bronches. C'est ce que j'ai pu remarquer aussi dans plusieurs cas d'asthme humide avec menace de suffocation.

« L'emploi interne de la naphtaline doit donc être préféré à celui des expectorants connus, même les plus énergiques, dans les cas qui viennent d'être signalés ; j'ajouterai que ce nouvel expectorant n'est nullement dangereux, et n'offre aucun inconvénient dans son administration, si ce n'est une saveur un peu désagréable. Il convient du reste de cesser l'usage de la naphtaline aussitôt qu'elle a déterminé les effets qu'on en attendait, afin de ne pas habituer la muqueuse à cette stimulation, et de pouvoir l'employer de nouveau avec succès, en cas de reproduction de l'embarras bronchique. On comprend bien, enfin, que cette substance essentiellement stimulante ne convient jamais dans la bronchite aiguë, et toutes les fois qu'il y a inflammation ou seulement irritation pulmonaire.

«La naphtaline, qui se retire du goudron de houille, étant obtenue par des moyens bien connus, je ne m'occuperai pas de sa préparation, qui se trouve décrite dans les traités de chimie. Je me bornerai donc à indiquer ici le mode d'administration que j'ai adopté et qui m'a paru, dans l'application, être le plus facile et le plus avantageux.

« J'emploie la naphtaline, à la dose de cinquante centigrammes à deux grammes, dans un looch ou dans du sirop préparés de la manière suivante :

« 1° Looch de naphtaline :

R. Looch blanc n° 1.
Naphtaline 0,5—2,0.
F. S. A. un looch.

« Remarque : La naphtaline, étant insoluble dans l'eau, doit être longtemps triturée avec la gomme, afin de l'obtenir dans un grand état de division, et surtout pour qu'elle puisse rester longtemps en état de suspension dans le liquide. On administre ce looch par cuillerées à bouche de quart d'heure en quart d'heure.

« 2° Sirop de naphtaline :

R. Naphtaline 1,0.

Dissolvez dans la plus petite quantité possible d'alcool élevé à peu près au degré de l'ébullition, puis triturez avec sirop de sucre 125,0.

« Remarque : La naphtaline se dissout complètement dans l'alcool par l'intermède de la chaleur, mais elle se précipite aussitôt qu'on la mélange au sirop, ce qui fait que celui-ci devient trouble et prend l'apparence du sirop d'orgeat. On pourrait se borner à triturer la naphtaline avec le sirop, mais en employant l'alcool on a l'avantage de l'obtenir dans un plus grand état de division.

« Le sirop de naphtaline éprouve, par le repos, un commencement de séparation de son principe actif ; mais il suffit de l'agiter pour reproduire le mélange tel qu'il était primitivement. Cependant, il convient de ne préparer ce sirop qu'au moment de l'employer, car j'ai remarqué qu'avec le temps une petite portion de la naphtaline cristallise sur les parois du vase où il est contenu.

«Le sirop de naphtaline doit être administré par cuillerées à café, quatre et même six fois par heure, jusqu'à ce qu'il ait déterminé une expectoration abondante.»

Wie aus dieser Abhandlung hervorgeht, hat Dupasquier ebensowenig wie Rossignon das Naphtalin bei Wunden und Hautkrankheiten angewendet. Er sagt nichts von dessen Einwirkung auf niedere Organismen und empfiehlt es zum innerlichen Gebrauch für Lungenkranke. Die Wirkung des Naphtalin bei dieser Art der Darreichung lässt sich meiner Ansicht nach nur dadurch erklären, dass das Naphtalin, wenn auch in sehr geringen Mengen im Munde und Rachen zurückbleibend, als Gas durch den Athmungsprozess in die Luftwege hineingelangt und daselbst antiseptische Wirkungen entfaltet, und somit bei chronischen Prozessen in den Lungen, welche fast stets mit abnormen Secretbildungen verbunden sind, faulige Zersetzungen dieses Secretes und das Wachsthum von Pilzen in demselben beschränkt oder verhütet, und insofern einen heilenden Einfluss besitzt.

Émery[1] sagt über die Anwendung des Naphtalin zu Heilzwecken Folgendes:

....«J'ai employé la naphtaline concrète sur 14 malades. Deux n'en ont obtenu aucun avantage: l'un de ces cas avait pour sujet une jeune femme de 30 ans, affectée d'un psoriasis gyrata depuis près de huit ans, qui, après avoir cédé aux arsénicaux, est revenu au bout de six mois; le deuxième cas s'est offert à moi chez un jeune

[1] Un mot sur l'emploi de la pommade à la naphtaline concrète dans le traitement du psoriasis, im Bulletin général de Thérapeutique médicale et chirurgicale, tome XXIII 1842 pag. 17 ff.

homme de 18 ans, portant une lèpre vulgaire qui datait de plusieurs années ; deux mois de traitement n'ayant amené aucune amélioration, j'ai cessé la naphtaline pour revenir au goudron, qui a fait disparaître en deux mois tous les symptômes maladifs. J'ai été plus heureux dans douze autres cas, chez huit hommes et quatre femmes. Des premiers, deux avaient de 12 à 13 ans, et portaient des lèpres vulgaires depuis quinze mois et deux ans ; l'un et l'autre jouissaient d'une parfaite santé, malgré les divers traitements qu'on leur avait fait subir pour les débarrasser de leur maladie de peau....

« J'ai commencé l'application de la pommade à la naphtaline, composée comme il suit :

R. Naphtaline concrète 2,0
axonge 30,0

« Cette pommade a été employée sur les deux sujets en même temps et aux mêmes doses ; les squames n'ont pas tardé à tomber ; la peau qu'elles recouvraient est devenue violacée, des cercles blancs ont paru autour, et en six semaines de temps j'ai obtenu une guérison complète. Rien n'a encore reparu, quoique ces malades soient guéris depuis trois mois.

« Les quatre autres observations ont été recueillies sur des hommes de 26 à 38 ans, tous bien constitués, dont trois avaient des psoriasis invétérés qui dataient, l'un de six, l'autre de sept, et le troisième de seize ans.... J'ai employé une pommade à la naphtaline plus forte (Naphtaline 4,0, axonge 30,0). J'en fis couvrir des compresses que j'appliquai sur les parties malades matin et soir ; au bout de six semaines la guérison était complète. Deux fois seulement j'ai fait appliquer pendant vingt-quatre heures des cataplasmes de fécule de pommes de terre pour apaiser les cuissons qui s'étaient développées.... Un quatrième malade, âgé de 31 ans, portait sur tous les membres de larges plaques de psoriasis depuis dix ans;.... j'appliquai sur les plaques des compresses recouvertes de la pommade. En cinq semaines ce malade a été complètement guéri....

«Les deux autres hommes, âgés de 34 et 38 ans, portaient des psoriasis légers, qui, en cinq et six ans de temps, étaient à leur troisième récidive. Deux mois de traitement ont tout fait disparaître chez le plus jeune; celui qui était âgé de 38 ans a été atteint d'un érysipèle au visage, qui m'a forcé à suspendre cette médication pendant vingt jours; et comme je n'ai employé que la pommade la plus faible, il a mis trois mois à se guérir.

«Les quatre femmes ont été traitées par la pommade la plus forte. ... Toutes, au bout de quinze et dix-huit jours, avaient éprouvé une amélioration considérable. L'une, âgée de 24 ans, malade depuis six ans, était couverte d'un psoriasis guttata: il a fallu trois mois pour obtenir une guérison complète. Une autre, atteinte d'un psoriasis invétéré qui datait de quinze ans, dont elle avait été affectée à l'âge de 24 ans, à la suite d'une suppression brusque des menstrues, a guéri rapidement en moins de deux mois. Enfin, deux jeunes filles, l'une de 17 ans, l'autre de 18, n'avaient de plaques que sur les genoux et sur les coudes: il n'a fallu que cinq semaines à la plus jeune et six à l'autre pour être débarrassées de cette ennuyeuse maladie, qui datait de plus de six mois chez chacune d'elles, et qui allait toujours en augmentant.

«Ces faits ne sont point encore assez nombreux pour qu'on puisse statuer quelque chose de bien précis; néanmoins ils sont suffisants pour encourager de nouveaux essais. Il est bon, à cet égard, de prévenir les praticiens que le médicament dont il est question a quelques légers inconvénients: d'abord, l'odeur de notre pommade est assez forte, mais elle passe avec promptitude; puis elle excite la peau et pourrait provoquer quelquefois des inflammations assez vives, et même des érysipèles, si l'on n'en surveillait l'action, si l'on n'en modérait, quand il y a lieu, l'activité sur la partie au moyen d'applications émollientes.»

Aus dem Schluss dieses Aufsatzes geht hervor, dass das von Émery angewendete Naphtalin kein chemisch reines war; denn dies letztere reizt die Haut nicht im Geringsten, geschweige denn dass es lebhafte Entzündungen derselben oder gar Erysipele erzeugte. Émery hat, wie es scheint, an eine parasiticide Eigenschaft des Naphtalin nicht gedacht und hat es auch nicht bei Wunden in Anwendung gezogen.

Die warmen Empfehlungen der genannten drei Autoren haben dem Naphtalin keine allgemeine Anwendung in der Heilkunst zu verschaffen vermocht. Freilich findet man in dem «Dispensatory of the United States of America, by Wood and Backe» (1851 pag. 1356) das Naphtalin kurz beschrieben und auf Grund der von obigen Autoren gemachten Erfahrungen empfohlen. Auch Posner und Simon[1] sowie v. Veiel[2] stützen sich auf

[1] Posner und Simon, Handbuch der speziellen Arznei-Verordnungslehre, Berlin 1855, pag. 234.

[2] v. Veiel, Jahresbericht der Heilanstalt für Flechtenkranke zu Cannstatt am Neckar von 1852-1854; siehe Deutsche Klinik 1855 N° 22 pag. 245. v. Veiel scheint noch im Jahre 1862 Naphtalin bei Hautkrankheiten (Psoriasis) angewendet zu haben, wenigstens erwähnt er es auf pag. 59 seiner « Mittheilungen über die Behandlung der chronischen Hautkrankheiten in der Heilanstalt für Flechtenkranke in Cannstatt » (Stuttgart 1862) im Capitel über «Psoriasis»; er sagt (pag. 59): « Naphtalinsalben haben vor der Theersalbe keinen Vorzug »

dieselben Autoren und geben ganz kurze Notizen über das Naphtalin. Hebra[1] sagt über das Naphtalin Folgendes: «Dieses erst in neuester Zeit in Gebrauch gezogene Präparat wird in der Dosis von 1 Drachme auf 1 Unze Fett angewendet. Nach den Anpreisungen der Erfinder soll dasselbe in leichteren Fällen von Psoriasis sich wirksam bewiesen haben. Aus meiner Erfahrung kann ich über den Nutzen dieses Präparates noch sehr wenig sprechen, indem ich es bisher in zu wenig Fällen angewendet habe, um ein endgiltiges Urtheil darüber fällen zu können. Wünschenswerth wäre es allerdings ein Präparat zu haben, welches die Vortheile des Theers dem Praktiker darbieten würde, ohne die unangenehmen Eigenschaften desselben (schwarze Farbe, unangenehmen Geruch) zu besitzen.»

Diese kurze Notiz ist in der Bearbeitung desselben Handbuchs durch Hebra und Kaposi[2] vom Jahre 1874 noch kürzer ausgefallen. Daselbst heisst es: «Was das Naphtalin (C_{20} H_8) anbelangt, so wurde dasselbe von Émery und v. Veiel angepriesen; ersterer verordnete es gegen Psoriasis, Eczema chronicum etc. mit axungia porci (1 : 15) in Salbenform, letzterer in Salzsäure gelöst. Leider fand ich weder die eine noch die andere Combination des Naphtalin besonders wirksam, so dass ich seit Jahren die Anwendung desselben unterlassen habe.»

Endlich ist noch eine Mittheilung über Anwendung des Naphtalin bei Hautkrankheiten von Kleinhans[3]

[1] Hebra, Handbuch der speciellen Pathologie und Therapie von Virchow Bd. III: «Acute Exantheme u. Hautkrankheiten», Erlangen 1860 pag. 308.

[2] Hebra und Kaposi, Lehrbuch der Hautkrankheiten, Erlangen 1874 pag. 375.

[3] Kleinhans, Erfahrungen aus dem Gebiete der Hautkrankheiten, Coblenz 1862 pag. 54.

zu erwähnen. Dieser sagt: «Das Naphtalin ist in den letzten Jahren von französischen Aerzten (Rossignon, Dupasquier und Émery) mit Glück therapeutisch angewendet worden. Auf die Anpreisungen letzterer habe ich dieses Mittel in wenigen Fällen von chronischem Eczem versucht, kann jedoch den Lobeserhebungen nicht beistimmen, welche diese Autoren über die hohe Wirksamkeit desselben verbreitet haben. Die Wirkung war lange nicht so sicher, wie die des Theers und oleum cadinum, welche in denselben und ähnlichen Fällen zur Anwendung kamen.»

Setzt man in ein Präparatenglas von einigen Liter Inhalt, dessen Wände innen mit Naphtalinpulver bestreut sind, einen Sperling, derart dass oben nur so viel Luft zugelassen wird, um das Ersticken zu verhindern, so erträgt das Thier diese naphtalinreiche Luft stundenlang, ohne die geringsten bemerkbaren Folgen davon zu tragen.

Einem mittelgrossen Hunde wurde der ganze Pelz mit Naphtalinpulver eingerieben, die Wände des Käfigs mit Naphtalin bestreut und ferner um den Käfig ein grosses Leintuch gehängt, welches mit einer ätherischen Lösung von Naphtalin getränkt war und aus welchem vorher durch Verdunsten der Aether entfernt war. Das Thier blieb einen Tag und eine Nacht in dieser naphtalinreichen Luft, ohne im geringsten zu erkranken.

Ich selbst habe mich bei meinen Versuchen stundenlang der Einwirkung naphtalinreicher Luft ausgesetzt, ohne das mindeste Unwohlsein zu verspüren. Der Naphtalingeruch ist anfangs für viele Leute, namentlich für nervöse Weiber, Spitalschwestern etc., unangenehm und soll Kopfschmerzen bereiten. Nachdem sich aber die Insassen der Strassburger chirurgischen Klinik einige Zeit lang an den Naphtalingeruch gewöhnt hatten, empfanden sie ihn kaum mehr, und die Kopfschmerzen blieben aus. Setzt man dem Naphtalinpulver minimale Mengen Bergamottöl zu, so erhält man statt des vorhergehenden angeblichen Gestankes jetzt einen angenehmen Parfüm. Eine etwa betäubende, narcotisirende Wirkung kommt dem Naphtalingas durchaus nicht zu; das Centralnervensystem scheint durch dasselbe in keiner Weise beeinflusst zu werden. Ebensowenig lässt sich eine Wirkung auf das Blut constatiren. Das Hæmoglobin resp. Oxyhæmoglobin und das Blutspectrum werden durchaus nicht verändert. Eine Einwirkung auf das Herz und den Puls scheint ebenfalls nicht vorzukommen.

Wenn innerlich dargereicht, wird das Naphtalin, bei Hunden wenigstens, in Spuren resorbirt; man bringt es den Thieren am besten in einer Gummiemulsion mittelst der Schlundsonde in den Magen. Hunde bekommen bei Darreichung kleiner Mengen (1—2 g) in der Regel leichten Durchfall; gibt man grössere Mengen (5 g pro dosi und mehr), so wird der Durchfall etwas stärker, ohne dass es jedoch innerhalb des Darmcanals etwa zu Entzündungserscheinungen käme. Erbrechen tritt nicht auf; nur der Appetit scheint nach Darreichung grosser Mengen vorübergehend vermindert. Bei weitem die grösste Menge des in den Magen gebrachten Naphtalin geht mit den Fæces wieder ab; man kann das Naphtalin aus dem Koth mit Leichtigkeit wiedergewinnen, indem man ihn mit Wasser vermischt und destillirt. Das Naphtalin hat die Eigenschaft, mit Wasserdämpfen sehr leicht überzudestilliren und erscheint alsbald in der Vorlage, an deren Wänden es in schönen Krystallen sublimirt.

Von den geringen Mengen Naphtalin, welche bei innerlicher Darreichung in den Blutkreislauf gelangen, erscheint der grösste Theil im Urin wieder, und zwar, wie Baumann und Herter[1] nachgewiesen haben, theilweise als reines Naphtalin. Der Harn erhält bei Darreichung grosser Dosen die Eigenschaft nachzudunkeln; er wird manchmal schwarzbraun, aber nie pechschwarz, wie dies bei dem Urin nach Darreichung von Carbolsäure der Fall ist. Baumann und Herter erwähnen als bemerkenswerth den niedrigen Gehalt des Harns an oxydirtem Schwefel im Vergleich zu seinem specifischen Gewicht; die Bestimmung der Gesammtmenge des Schwefels in 100 Kcm Harn (nach Veraschen mit Soda und Salpeter) habe bei einem specifischen Gewicht von 1,021 ergeben: 0,304 Gramm $BaSo_4$, so dass fast die Hälfte des Schwefels in nicht vollständig oxydirter Form ausgeschieden worden sei, was um so auffallender erscheine, als nach Eingabe von Benzol eine vermehrte Schwefelsäureausfuhr beobachtet werde. Durch Destillation des mit Salzsäure versetzten Harns konnten die genannten Gelehrten kein Naphtol gewinnen, vielmehr ging mit den Wasserdämpfen nur unverändertes Naphtalın über, welches im Kühler zu einer weissen in Natronlauge unlöslichen Krystallmasse erstarrte. In welcher Verbindung hier die gepaarte Schwefelsäure im Harn enthalten war, blieb unerklärt.

[1] Baumann und Herter, Ueber die Synthese von Aetherschwefelsäuren und das Verhalten einiger aromatischer Substanzen im Thierkörper (Zeitschrift für physiologische Chemie von Hoppe-Seyler, Band I 1877 pag. 267 f.)

Erstes Kapitel.

Verwendung des Naphtalin bei Wunden.

Werden grosse Wunden, namentlich gequetschte frische Wunden, bei denen es zu ausgedehnter Mortification der Gewebe kommt, vollständig mit solchem Naphtalin, wie es in den meisten Droguenhandlungen käuflich zu haben ist, ausgestopft, so tritt gewöhnlich in den folgenden Tagen ein Nachdunkeln des Urins auf, welches sich jedoch nie bis zur pechschwarzen Farbe des Carbolurins steigert; in der Regel wird der Urin schon nach 2—3 Tagen wieder hell, namentlich wenn die Abstossung des mumificirten Gewebes rasch und glatt verläuft. Die Baumann-Sonnenburg'sche Reaction mit Chlorbariumlösung ergibt in solchen Fällen stets einen voluminösen Niederschlag. Nie treten zugleich mit dieser Beschaffenheit des Urins Intoxicationserscheinungen auf, wie bei Carbolvergiftung; der Puls bleibt kräftig, Collapserscheinungen werden selbst bei kleinen Kindern nie beobachtet. Bei Anwendung von chemisch reinem Naphtalin fällt dieses Nachdunkeln des Urins fort, so dass man gegebenen Falls in der Beschaffenheit des Urins eine Controle über die Reinheit des angewendeten Naphtalin hat.

Die bis jetzt vorliegenden Beobachtungen über die locale Wirkung des Naphtalin auf Wunden und auf die äussere Haut lassen sich kurz in folgenden Sätzen zusammenfassen:

1. Auf die äussere Haut applicirt, ruft das Naphtalin keinerlei Reizerscheinungen hervor, namentlich kein Jucken, kein Eczem, keine Blasenbildung. Die Epidermis wird überhaupt in keiner Weise beeinflusst. Das Naphtalin hat nicht die Eigenschaft, mit Blut, Schweiss, Eiter

und dergleichen zusammenzubacken und Krusten zu bilden; es tritt daher bei Hauteczem kein Ankleben, keine Krustenbildung auf, somit auch keine Retention von Secret. Man ist im Stande, auf die Haut applicirtes Naphtalin ohne Weiteres mit dem Wasserstrahl oder durch Abreiben mit einem Tuche oder dergleichen sofort zu entfernen.

2. Auf Wunden applicirt, treten keinerlei Reizererscheinungen auf, namentlich keine Röthe oder Schwellung, keine erethische Granulationsbildung. Auf der Wundoberfläche tritt keinerlei Verklebung oder Krustenbildung ein, daher auch keine Secretverhaltung; die Secrete fliessen vielmehr frei auch durch die dickest aufgetragene Naphtalinschicht hindurch. Zur Schorfheilung würde sich daher das Naphtalin nicht eignen.

Die Granulationsbildung geht nach directer Applicacation des Naphtalin in ungestörter normaler Weise vor sich; die Tendenz zur Vernarbung wird in keiner Weise beeinträchtigt.

Die Wundsecrete haben unter directer Naphtalineinwirkung eine mehr seröse Beschaffenheit.

Unreine Wunden, Beingeschwüre, Schankerulcerationen, jauchige Carcinome nehmen nach directer Application des Naphtalin eine reine Beschaffenheit an; es kommt jedoch in solchen Fällen darauf an, das Naphtalinpulver recht dick aufzutragen und womöglich fest anzudrücken. Ist die Secretion solcher Wunden sehr profus, so muss das Naphtalin häufig erneuert werden; da das Naphtalin wohl auf die Fäulnisserreger, keineswegs aber auf die Fäulnissproducte einwirkt, so wird man bei jauchigen Secretionen durch oft erneuerte Application nach Entfernung des alten mit Jauche durchsetzten Naphtalin den jauchigen Geruch bald zum Verschwinden bringen.

Eine etwaige Wirkung des Naphtalin auf die fungösen und tuberculösen Granulationen lässt sich selbstverständlich erst nach langer Erfahrung constatiren.

Die zweckmässige Anwendung des Naphtalin beim Wundverbande ergibt sich aus dem Vorangehenden von selbst; jedoch erscheint es zweckmässig, der Uebersicht halber die Vor- und Nachtheile des Naphtalin bei Verwendung zu Wundverbänden, die Indicationen und die Art der Application kurz zusammenzustellen. Bei den mehreren Hundert Fällen, in welchen in der Strassburger chirurgischen Klinik seit dem September 1881 Naphtalin nach den im Voranstehenden angegebenen Gesichtspunkten angewendet wurde, und über welche die erwähnte Bonning'sche Arbeit zu vergleichen ist, hat sich herausgestellt, dass die vom Naphtalin gehegten und in meinen früheren Veröffentlichungen ausgesprochenen Erwartungen vollständig bestätigt sind.

A. Vortheile des Naphtalin.

1. Die Einfachheit der Application.

Das Naphtalin wird in Hinsicht der Einfachheit seiner Application von keinem der bisher gebräuchlichen Antiseptica übertroffen: z. B. die essigsaure Thonerde steht, da zunächst der richtige Prozentgehalt der wässerigen Lösung herzustellen ist, trotz ihrer Billigkeit hinter dem Naphtalin weit zurück. Dasselbe gilt von dem Sublimat, der Carbolsäure und allen in Lösungen zu applicirenden Antiseptica. Das Naphtalinpulver wird am zweckmässigsten direct beim Anlegen des Wundverbandes auf die Wunde, ihre Umgebung und in die Verbandstoffe hinein gestreut. Man spart auf diese Weise den Aether und Alcohol, welche ehedem zur Lösung des bei der Imprägnirung der Verbandstoffe verwendeten Naphtalin in Gebrauch gekommen waren, und braucht namentlich die Verdunstung des Aethers und Alcohols nicht abzuwarten, welche in grösserer Menge in den Verbandstoffen zurückbleibend, die Wunde und die Haut reizen könnten.

2. Die absolute Nichtgiftigkeit des Naphtalin, welche gegenüber der Carbolsäure, dem Jodoform und anderen Antiseptica nicht hoch genug angeschlagen werden kann.

3. Der niedrige Preis, welcher namentlich für die städtische Armenpraxis, die Praxis auf dem Lande und im Felde erheblich in die Wagschale fällt. Die Leichtigkeit des Verpackens und des Transportes grosser Mengen Naphtalin empfehlen es für den Gebrauch im Felde um so mehr, als man es unter Anwendung starken Druckes auf ein verhältnissmässig kleines Volumen zusammenpressen kann. Sowohl auf den Verbandplätzen im Kriege, wo das umständliche Lister'sche Verbandverfahren bei einer grossen Zahl von Verwundeten und bei der Häufigkeit des Wassermangels schwer durchführbar ist, als auch überhaupt in der klinischen Praxis gehört die Zukunft, meiner Ansicht nach, Verbänden mit pulverisirten Antiseptica, und unter diesen voraussichtlich nicht zum geringsten Theile dem Naphtalin.

Freilich darf nicht das sogenannte Naphtalinum purissimum crystallisatum (wie es in dem Trommsdorff'schen Catalog angeführt ist) angewendet werden[1], sondern

[1] Die Benutzung eines solchen nicht genügend gereinigten Naphtalin scheint die Veranlassung für die Bedenken gewesen zu sein, welche die Herren Dr. Anschütz a. a. O. pag. 523 f. und Dr. Höftman ausgesprochen haben. Die dem unreinen Naphtalin beigemengten Substanzen (Phenole etc.) haben offenbar durch ihre reizenden Eigenschaften und die dadurch

das von Ohlgardt und C° in Kehl am Rhein dargestellte und für 1 Mark per Kilo zu beziehende chemisch reine Naphtalin.

B. Nachtheile des Naphtalin.

Als Nachtheile des Naphtalin könnte man in Erwägung ziehen:

1. Die Unlöslichkeit des Naphtalin in Wasser macht es unmöglich, dasselbe zur Desinfection von Wundflächen zu verwenden, die durch die Naht geschlossen werden müssen, z. B. bei frischen Schnittwunden, bei Amputationen, bei der Ausführung von Operationen, wo die Wunde von Zeit zu Zeit desinficirt werden muss. Aus demselben Grunde kann das Naphtalin nicht zum Desinficiren des Operationsgebietes, der Hände, Instrumente etc. vor den Operationen und vor dem Anlegen von Verbänden angewendet werden, weil für diesen Bedarf ein Antisepticum in löslicher Form nothwendig ist. Wenngleich nicht bestritten werden soll, dass in manchen dieser Fälle die Lösung des Naphtalin in Aether und Alcohol verwendbar ist, so wird man doch nicht vollständig ohne ein flüssiges oder wenigstens in Flüssigkeiten lösliches Antisepticum auskommen. Gegenüber diesem Nachtheil beruht gerade in der Unlöslichkeit des Naphtalin in Wundflüssigkeiten seine Nichtresorbirbarkeit und Nichtgiftigkeit.

hervorgerufene Production erethischer leicht blutender Granulationen die von den genannten Forschern beklagte «Beimischung von Blut zum Wundsecret», und das «krustenartige, feste Zusammenbacken des über die Geschwürsflächen gestreuten Naphtalinpulvers», welches zu Secretverhaltungen in der Tiefe der Wunde Veranlassung gab, bewirkt. In der Strassburger chirurgischen Klinik ist in keinem Falle irgend einer der von den Herren Dr Anschütz und Dr. Höftman beklagten Uebelstände zu Tage getreten, seit das chemisch reine Naphtalin verwendet ist.

2. Der Geruch und die Einathmung des Naphtalingases. Für Solche, welche mit dem Naphtalin noch nicht in Berührung gekommen sind, ist sein Geruch anfangs widerlich. Es gibt jedoch kaum Jemand, der sich nicht in kurzer Zeit daran gewöhnte und dem der Geruch des Naphtalin nicht bald weniger unangenehm wäre als der der Carbolsäure und des Jodoform und anderer Antiseptica. Je unreiner das Naphtalin, um so unangenehmer; je reiner, um so weniger unangenehm ist sein Geruch. Die wenn auch noch so lange fortgesetzte Einathmung des Naphtalingases erzeugt keinerlei Unwohlsein, Kopfschmerz, Schwindel, Niesen, Husten, Schnupfen, Catarrh, Thränen der Augen, Appetitlosigkeit oder dergleichen, wie man sich auf den Krankensälen der Strassburger chirurgischen Klinik, sowie auf der von Herrn Professor Dr. Kohts geleiteten Abtheilung des Strassburger Hospitals für diphteritiskranke Kinder täglich überzeugen kann. Dem gegenüber sind die Beschwerden eingeathmeter Salicylsäurekrystalle, und die Gefahr protrahirter Einathmung von Jodoform- und Carbolsäuredämpfen hervorzuheben.

3. Die profuse Secretbildung in den Fällen, wo grosse Wundflächen mit Naphtalin bedeckt werden. Bereits auf pag. 23 ist gesagt, dass das Naphtalin die Wundsecrete frei wie durch Sand hindurch abfliessen lasse, dass es mit Eiweisskörpern keinerlei Verbindung eingehe, und dass daraus eine viel profusere Secretbildung resultire als z. B. bei dem Jodoformverbande. Bekanntlich beobachtet man auch unter dem Lister'schen Verbande in den ersten Tagen nach der Application in der Regel eine profuse Secretbildung und schiebt dies der reizenden Eigenschaft der Carbolsäure zu. Als in der Strassburger chirurgischen Klinik

das chemisch reine Naphtalin noch nicht angewendet wurde, also vor dem Monat März 1882, war diese reichliche Wundsecretbildung häufig und erheischte oftmaligen Verbandwechsel. Nachdem aber das reine Naphtalin eingeführt, fiel in den meisten Fällen der genannte Uebelstand weg und konnten viele Verbände 8 Tage und länger liegen bleiben. In denjenigen Fällen, wo seit Einführung des reinen Naphtalin starke Secretbildung beobachtet ist, lehrt die Krankengeschichte, dass bei der Ausführung der betreffenden Operation Carbolsäure zur Desinfection in Anwendung gekommen, und dass die vermehrte Secretbildung nur einige Tage manifest war. Die Vermehrung resp. Anregung der Wundsecretion, die Neigung der Granulationen zu Blutungen, welche Höftman unter Naphtalinverbänden beobachtete, können, abgesehen davon, dass das von Höftman angewendete Präparat augenscheinlich kein gutes war, durch die Reinigung der Wunden mit Carbolwasser vor Anwendung des Naphtalin ihre Erklärung finden. Dasselbe gilt von den Eczemen und sonstigen Reizungszuständen, welche Höftman mittheilt. Hager hatte ebensowenig wie Djakonow einen der von Höftman bezeichneten Uebelstände zu beklagen, dagegen wurde in einigen Fällen von reizbaren Individuen über brennende Schmerzen nach Application des Naphtalinverbandes geklagt. Wollte man den sehr in die Augen fallenden Unterschied der Secretmenge zwischen Jodoform- und Naphtalinverbänden kurz formuliren, so könnte man sagen, dass das Naphtalin keine vermehrte Secretion der Wunden produzirt, das Jodoform hingegen durch Jodoformalbuminatbildung dieselbe beschränkt. Da bei Höhlenwunden mit profuser Secretion, welche mit Naphtalin ausgestopft sind, das Naphtalin häufig erneuert werden muss, um seine antiseptischen Eigenschaften auf die Wundoberfläche zur vollen Wirkung zu bringen, so empfiehlt es sich, bei der jedesmaligen Application das Naphtalin so an oder auf die Wunde zu bringen, dass seine Entfernung später keine Schwierigkeiten macht. Für tiefe unregelmässige Höhlenwunden (Gelenkresectionen) erscheint es daher gut, die Wundhöhle etwa mit einer Musselinlage auszutapeziren und erst dann mit Naphtalin auszufüllen ; oder aber, man kann die Ausstopfung mit Musselinstreifen, die reichlich mit Naphtalin bestreut sind, ausführen ; dieselben lassen sich beim Erneuern des Verbandes durch einfachen Zug leicht entfernen. Bei der wesentlich serösen Beschaffenheit des Secretes, wie dies bei Naphtalinbehandlung der Fall zu sein pflegt, werden die Verbandstoffe selbstverständlich vom Secret leichter durchdrungen, als wenn das Secret mehr eingedickt ist. Von diesem Durchschlagen des Secretes bei Naphtalinverbänden ist jedoch keine weitere Gefahr etwaiger Störungen des Wundheilungsprozesses zu fürchten, wie dies bei anderen antiseptischen Verbänden und so z. B. auch bei den Carbolverbänden der Fall ist; denn das Naphtalin bleibt, im Gegensatz zur Carbolsäure, stets in Substanz und in grosser Menge in der Umgebung der Wunde zurück und verlegt somit etwa eindringenden Fäulnisserregern den Weg.

C. Die Indicationen für die Verwendung des Naphtalin beim Anlegen von Wundverbänden.

Obgleich sich nach den bisher gemachten Erfahrungen keine Contraindicationen im eigentlichen Sinne des Wortes für die Verwendung des Naphtalin ergeben haben und somit das Naphtalin beim Wundverbande in der allerausgedehntesten Weise in Anwendung kommen darf, so mag es doch in Hinsicht auf den Practiker zweckmässig erscheinen, anderen allgemein gebräuchlichen Antiseptica und unter diesen besonders der Carbolsäure gegenüber die Anwendung des Naphtalin für specielle Fälle zu formuliren.

1. Bei allen Patienten, welche an Krankheiten der Nieren leiden oder Disposition für Nierenreizung besitzen, ist das Naphtalin als Antisepticum zu wählen.

2. Bei Patienten, welche eine reizbare Haut besitzen oder bei denen erfahrungsgemäss Wundflächen eine besondere Neigung zur Resorption haben, so z. B. bei allen für die Carbolsäure empfindlichen Individuen, nehme man Naphtalin zum Wundverbande.

3. Bei Kindern sollte, namentlich nach Ausführung grosser Operationen, die Anwendung der Carbolsäure ganz unterbleiben und das Naphtalin eventuell mit Zuhülfenahme eines löslichen oder flüssigen Antisepticum an ihre Stelle treten.

4. Bei Wunden, Ulcerationen und dergleichen in tiefen Körperhöhlen (Mastdarm, Vagina), wo es leicht zu fauliger Zersetzung der Secrete kommt, ferner bei allen Höhlenwunden (nach Resectionen, bei Tumoren etc.) mit schlechter Secretion ist das Naphtalin als Verbandmittel indicirt, und zwar zweckmässig und am besten in der Weise, dass man die betreffenden Höhlen 1—2 Mal täglich damit ausstopft, nachdem man sie vorher abgespült hat.

5. Bei Wunden, welche von Erysipel befallen sind, versuche man die Desinfection in der Weise, dass man sie mit Naphtalin fest belegt oder ausstopft. Womöglich sind vorher die Granulationen, etwaiger Wundbelag und dergleichen mit dem Löffel, dem Spatel etc. wegzukratzen und nach Stillung der Blutung in der angegebenen Weise mit Naphtalin zu behandeln.

6. Endlich empfiehlt sich das Naphtalin zur Erhaltung der Spitalhygiene. Hierher gehört die Desinfection

der Aborte und der inficirten Krankensäle mit Naphtalin, die Aufbewahrung der Instrumente (besonders der täglich zu gebrauchenden) in gut schliessbaren Kästen, in denen sich Naphtalin befindet, ferner die Bekämpfung des Ungeziefers durch Naphtalin, namentlich im Sommer.

D. Art der Application des Naphtalin.

Man applicirt das Naphtalin in Form des trockenen Naphtalinpulvers, und zwar so, dass man:

1. gut aussehende Wunden damit einfach bestreut,
2. Höhlenwunden mit schlechter Secretion damit ausstopft,
3. die Verbandmaterialien, sowohl behufs ihrer Aufbewahrung in gut schliessenden Kästen als auch unmittelbar beim Anlegen der Verbände, damit bestreut.

Aus den in der Bonning'schen Publication mitgetheilten, weiter unten schematisch zusammengestellten Krankheitsfällen, welche der Naphtalinbehandlung unterworfen wurden, geht hervor, dass die Anwendung des Naphtalin als Verbandmittel keine Nachtheile bringt, wohl aber erhebliche Vortheile gegenüber der Carbolsäure. Selbstverständlich bleibt es unbenommen, bei Operationen flüssige Desinficientien nach Wahl anzuwenden. Dass aber auch bei reiner Naphtalinbehandlung gute Resultate erzielt werden, beweisen die wenigen mitgetheilten Fälle, in welchen wir, im festen Vertrauen auf die Wirksamkeit des Naphtalin, bei der Operation von jedem sonstigen Antisepticum Abstand genommen und uns nur auf die Reinheit der Instrumente, Finger, Schwämme etc. verlassen haben. Ich bin jedoch weit entfernt, diese letztere Art des Verfahrens für alle zu behandelnden Wunden (z. B. bei der Resection grosser Gelenke) ohne Ausnahme zu empfehlen.

Statistische Zusammenstellung der vom 15. September 1881 bis zum 15. September 1882 in der Strassburger chirurgischen Klinik mit Naphtalin behandelten Fälle:

TABELLE I.

Kranke der Poliklinik.

	Namen der Krankheit.	Anzahl.
1)	Ulcera crurum	37
2)	Fussgeschwüre	8
3)	Panaritien	32
4)	Phlegmonen der Hände	9
5)	Verletzungen der Finger	45
6)	dito der Hände	9
7)	dito der Arme	6
8)	dito des Kopfes	14
9)	dito des Gesichts	2
10)	dito der Beine	1
11)	dito der Füsse	7
12)	dito der Zehen	2
13)	Eingewachsene Nägel (operirte)	6
14)	Necrosen	4
15)	Schanker	23
16)	Abscesse	25
17)	Furunkel	3
18)	Carbunkel	1
19)	Atherome	4
20)	Verbrennungen	10
21)	Ecthymapusteln	1
22)	Sycosis	3
23)	Eczema	9
24)	Pediculi capitis	3
25)	dito pubis	1
26)	dito vestimentorum	1
	Summa	266

Bemerkungen: Von diesen 266 in der Poliklinik behandelten Kranken ist keiner gestorben, Wundrose oder sonstige gefährliche Complicationen sind nicht eingetreten. Da die meisten Kranken der Poliklinik, wenn sie auf dem Wege der Besserung oder fast geheilt sind, sich der weiteren ärztlichen Controle entziehen, so sind die in dem Aufnahmebuch der Poliklinik gegebenen Notizen über den Austritt der Kranken aus der Behandlung so wie über den Verlauf, die Heilungsdauer etc. zu dürftig, als dass man eine detaillirtere und mit Bezug auf die Einzelnheiten specialisirte Tabelle entwerfen könnte, aus welcher allein Schlüsse für oder gegen die Naphtalinbehandlung ziehbar wären.

TABELLE II.

Kranke der Klinik.

	Bezeichnung der Krankheitsfälle.	Anzahl.	Bemerkungen.
1)	Amputationen und Exarticulationen	13	5 Fälle betrafen den Oberarm, 1 den Vorderarm, 1 die Finger, 2 den Oberschenkel, 3 den Unterschenkel, 1 die Zehen. Sämmtliche Kranke sind geheilt.
2)	Gelenkresectionen	11	2 Fälle betrafen das Ellenbogengelenk, 1 das Handgelenk, 1 den Zeigefinger, 3 das Hüftgelenk, 4 das Kniegelenk; 1 mal musste eine Nachresection gemacht werden, 3 mal wurde nachträglich amputirt. Geheilt sind 7, die übrigen 4 sind noch in Behandlung.
3)	Necrotomien	2	Geheilt.
4)	Geschwulstextirpationen	17	Davon 7 am Halse, 3 im Gesicht, 5 an den Brüsten, 2 in der Leistengegend. Geheilt 16, Ungeheilt 1.
5)	Abscesse	4	Geheilt.
6)	Phlegmone	1	Geheilt.
7)	Bruchoperation	1	Geheilt.
8)	Verbrennung	1	Frau von 30 Jahren; die Verbrennung erstreckte sich auf die halbe Körperoberfläche. Tod am 3ten Tage nach der Verbrennung
9)	Verletzungen verschiedener Körpertheile	5	Geheilt.
	Summa .	55	

Bemerkenswerth ist, dass unter allen diesen Fällen der Behandlung mit Naphtalin nur ein einziges Mal Erysipel eingetreten ist und zwar in diesem einen Falle zu einer Zeit, während die Naphtalinbehandlung bei der kranken Person gerade ausgesetzt war.

Zweites Kapitel.

Verwendung des Naphtalin bei Hautkrankheiten.

Das Naphtalin bei Hautkrankheiten zu verwenden, erscheint räthlich nach Versuchen, welche an verschiedenen niederen Organismen pflanzlicher und thierischer Art angestellt wurden. Ueber diese Versuche muss ich zunächst ausführlich berichten.

Als Naphtalinpräparate kamen bei denselben in Anwendung:

1) das Naphtalinum purissimum crystallisatum und

2) das Naphtalinum albissimum resublimatum von Trommsdorff in Erfurt,

welche in ihrer Wirkung vollständig übereinstimmten.

I. Wirkung des Naphtalin auf niedere Organismen pflanzlicher Art.

A. Wirkung des Naphtalin auf Schimmelpilze.

1. Penicillium glaucum.

Man nehme eine grössere Glasglocke oder ein Präparatenglas mit gut schliessendem Deckel und einem Rauminhalt von einigen Litern, befeuchte den Boden und die Wände des Gefässes innen mit Wasser und bestreue dieselben alsdann mit gepulvertem Naphtalin, um eine möglichst grosse Verdunstungsoberfläche des letzteren zu erhalten. Nach einigen Minuten wird man unter der Glocke resp. in dem Glase eine Luft haben, welche deutlich nach Naphtalin riecht, und über kurz oder lang wird diese Luft sich mit Naphtalingas gesättigt haben. Bringt man jetzt in diese Naphtalinatmosphäre hinein irgend ein für die Entwickelung von penicillium glaucum günstiges Nährsubstrat, z. B. Weinbeeren, Obst, auf Glas gestrichene Gelatinezuckerlösung etc., so findet, nach Aussaat von penicillium glaucum, keine Spur von einer Pilzentwickelung statt. Man kann dem etwaigen Einwande, als sei zu wenig Feuchtigkeit für die Pilzentwickelung gegeben, dadurch begegnen, dass man Wasser in die Naphtalinluft hinein verdunsten lässt; man kann sogar den ganzen Boden des Präparatenglases mit Wasser begiessen, so dass die Dämpfe des letztern sich an den Wänden des Glases und auf dem Nährboden für die Pilze niederschlagen: dennoch bleibt die Pilzentwickelung aus. Das Naphtalin ist nicht hygroscopisch. Dass aber auch ein etwaiger Sauerstoff-Mangel, welcher unter der Glasglocke durch die Ausbreitung des Naphtalingases erzeugt worden wäre, nicht das Hinderniss für die Pilzentwickelung ist, lässt sich daraus folgern, dass in dem luftdicht schliessenden Präparatenglase an ein Ausweichen des atmosphärischen Sauerstoffs nicht zu denken ist. Es bleibt hier nur die Möglichkeit einer ziemlich gleichmässigen Mischung der vorhandenen Luft mit Naphtalingas übrig, welche die Pilzentwickelung verhindert hat. Führt man Controlversuche, ohne dass man Naphtalin hinzubringt, in genau derselben Weise aus, so findet sehr bald die üppigste Pilzentwickelung statt. Es bleibt demnach nichts Anderes übrig, als das Naphtalingas selbst für das die Pilzentwickelung hemmende Agens zu halten. Der Versuch, in der oben beschriebenen Weise ausgeführt, gelingt jedesmal, einerlei ob im kalten oder warmen Zimmer.

Führt man den Versuch so aus, dass man unter die Glasglocke nur einige wenige Naphtalinkrystalle und letztere dicht aufeinander legt, so dass deren Verdunstung sehr langsam erfolgt, so geht die Pilzentwickelung zunächst in anscheinend ungestörter Weise vor sich; sobald sich jedoch durch den Geruch das Vorhandensein einer grösseren Menge von Naphtalingas erkennen lässt, tritt der Stillstand im Wachsthum der Pilze ein. Minimale Mengen des Naphtalingases reichen aus, um eine nur äusserst spärliche Pilzentwickelung mit Bildung sehr dünner Myceliumfäden und Fruchtträger und kleiner Sporen zu erhalten.

Züchtet man die Pilze vorher einige Tage lang und setzt sie dann der Einwirkung des Naphtalin aus, so bemerkt man sofortigen Stillstand des Wachsthums. Nach einigen Tagen beginnen die Pilze zu collabiren, die Hyphen fliessen zusammen, und, falls die Pilzwucherung noch ganz jung war, sieht man einige Tage später an Stelle derselben in der Regel ein klares Wassertröpfchen. Waren die Wucherungen schon älter und der Sporenbildung nahe, oder waren bereits Sporen gebildet, so findet der Zerfall der Pilzmassen langsamer statt; man kann dann nach mehreren Tagen mit dem Microscop deutlich erkennen, dass man abgestorbene, im Zerfall begriffene Pilzmassen vor sich hat.

Damit die beschriebenen Versuche jedesmal vollständig gelingen, muss man selbstverständlich dafür sorgen, dass das Naphtalingas an alle diejenigen Stellen gelange, wo Pilzkeime liegen. Nimmt man als Nährsubstrat lückenreiche Substanzen, z. B. angefeuchtetes Brod, und macht auf dieses eine Aussaat, so gelingt der Versuch zwar ziemlich vollständig, aber es findet in den zahlreichen Lücken und Recessus, wohin das Naphtalingas nicht gut vordringen kann, manchmal eine minimale Pilzentwickelung statt; die Pilze werden jedoch nicht reif, sie bleiben weiss und krüppelhaft. Auf einem Nährboden mit platter, dem Naphtalingas genügend zugänglicher Oberfläche, auf Früchten, Obst, Glasscheiben mit aufgestrichener Gelatinezuckerlösung, auf Flüssigkeiten, wie Urin, Milch,

Blut, auf dem Saft eingemachter Früchte, Weinmost etc. kommt keine Spur einer Pilzentwickelung zu Stande.

Obwohl das penicillium glaucum als einer der widerstandsfähigsten, wenn nicht überhaupt als der widerstandsfähigste aller Schimmelpilze angesehen wird, so schien es doch nöthig, auch andere Pilzarten dem Naphtalingas auszusetzen und das Verhalten der Pilze dabei zu beobachten. Zunächst gelang es mit derselben Leichtigkeit, mittelst mit Naphtalin gemischter Luft die Entwickelung von

2. Eurotium aspergillus glaucus und von

3. Mucor mucedo nicht nur vollständig zu unterdrücken, sondern bereits vorhandene Pilzwucherungen binnen kurzer Zeit zum Absterben zu bringen. Auch hier zeigte sich nach dem Collabiren noch junger unreifer Pilzwucherungen schliesslich an deren Stelle ein klares Wassertröpfchen; bei älteren Pilzen, namentlich wenn die Sporenbildung bereits eingetreten war, dauerte der vollständige Zerfall länger. Herr Professor Dr. De Bary und sein Assistent Herr Dr. Wortmann, denen ich diese Resultate mittheilte, hatten die Güte, sowohl die genannten Pilzarten als auch noch einige andere in derselben Weise zu untersuchen. Zunächst fanden meine Beobachtungen ihre volle Bestätigung und ferner zeigte sich, dass

4. bei Mucor stolonifer und

5. bei Phycomyces nitens dieselbe Beeinflussung seitens des Naphtalingases statthat, wie im Vorhergehenden beschrieben ist. Andere Pilzarten wurden im botanischen Institut in Strassburg nicht untersucht.

6. Oidium lactis. Setzt man ein Glas Milch unter die Glocke in den mit Naphtalingas und Luft gefüllten Raum, so bleibt die Rahmschicht der Milch auf unbegränzte Zeit spiegelglänzend; die Entwickelung des

Oidium lactis sowohl wie diejenige anderer Schimmelpilze, welche auf der Oberfläche der Milch sonst regelmässig auftreten, bleibt vollständig aus. Setzt man Milch, auf deren Rahmschicht die Pilzentwickelung bereits eingetreten ist oder welche gar einen vollständigen Ueberzug von Pilzen besitzt, der Naphtalinatmosphäre aus, so hört nicht nur die Pilzentwickelung auf, sondern es tritt nach einigen Tagen Zerfall der Pilzmassen ein, und nach etwa 8—10 Tagen ist auf der inzwischen wieder spiegelnd gewordenen Oberfläche nichts mehr von Oidiumwucherung nachzuweisen. Ganz dasselbe erfolgt, wenn man die Züchtung des Oidium auf Milchserum vornimmt.

Leider standen mir bisher keine anderen Pilzarten zur Verfügung; nach dem vollständigen leicht zu erzielenden Erfolge mit den bereits genannten Pilzen kann man jedoch behaupten, dass in dem Naphtalingas ein intensives Gift für viele, wenn nicht für alle die Oberfläche von organischem Material bewohnenden Pilze gegeben sei, dass man nicht nur die Entwickelung derselben aus den Sporen bei zweckentsprechender Application zu unterdrücken im Stande sei, sondern auch bereits in Entwickelung begriffene Schimmelpilze in ihrer weiteren Entwickelung hemmen resp. dieselben tödten könne.

Da nun das leicht zu bechaffende Naphtalin für höher organisirte Pflanzen und Thiere ein verhältnissmässig unschädliches Präparat ist, so eignet es sich als Mittel zur Bewahrung von Pflanzen, Samen, Früchten etc. vor Schimmelpilzwucherungen sowie als Heilmittel und Prophylacticum für Thiere und Menschen, zumal da die Lehre von der pathogenen Wirkung mancher Schimmelpilze in der neuesten Zeit immer grössere Bedeutung gewinnt. In welcher Weise für jeden einzelnen Fall die Application des Naphtalin stattzufinden hat, muss speziellen, hier nicht näher zu erörternden Untersuchungen überlassen bleiben.

Die Thatsache, dass das Naphtalin für viele oder alle auf der Oberfläche von organischem Material wuchernde Pilze ein heftiges Gift ist, berechtigt an und für sich noch nicht zu der Behauptung, dass es gleich wirksam gegen die innerhalb der Flüssigkeiten wachsenden Pilze, z. B. gegen die eigentlichen Hefepilze, ist. Um bei den letzteren eine intensive Wirkung des Naphtalingases erzielen zu können, müsste man demselben die Möglichkeit gewähren, in genügender Menge in die Flüssigkeit hineinzugelangen. Ich stellte daher zunächst Versuche mit

7. Weinhefe an. Die ersten Versuche waren von keinem vollständigen Erfolge begleitet. Setzt man Most in einem Glase unter die Naphtalinglocke, so geht das Wachsthum des Hefepilzes seinen ruhigen Gang; es gelingt dem Naphtalingas nicht, in genügender Menge die Flüssigkeit zu durchdringen. Selbst nach mehrtägiger Einwirkung der Naphtalinatmosphäre bemerkt man an dem Most kaum eine Spur von Geruch nach Naphtalin. Offenbar ist der dem Most beigemengte Pflanzenschleim der Diffusion des Gases in der Flüssigkeit hinderlich, und wenn erst die bei der Gährung sich bildende Kohlensäure an Menge zunimmt, so treibt sie die kleinen Mengen Naphtalingas aus dem Most vollends heraus. Trotzdem war bei zahlreichen Versuchen der Eintritt der Gährung unter der Naphtalinwirkung etwas hinausgeschoben und ging in den ersten Tagen weniger energisch von statten, als in den Controlversuchen ohne Naphtalin. Auf der Oberfläche des Mostes entwickelten sich in den Controlversuchen ohne Naphtalin ausserdem stets Schimmelpilze, welche in den mit Naphtalin behandelten Proben ausblieben. Da die Hefebildung im Innern

der Flüssigkeit an den Wänden des Gefässes am energischsten erfolgt, so suchte ich die Naphtalinwirkung dadurch zu verstärken, dass ich die Innenwände des Gefässes, bevor ich den Most hineingoss, mit einem feinen Naphtalinüberzug versah. Diesen Ueberzug erreicht man am leichtesten in der Weise, dass man die Wände des leeren Gefässes mit einer ätherischen Lösung von Naphtalin 1 : 4—5 befeuchtet und alsdann den Aether verdunsten lässt. Setzt man den in solchen Gläsern befindlichen Most unter die Naphtalinglocke, so ist die Verzögerung der Hefeentwickelung bereits viel deutlicher ausgesprochen, aber es gelingt noch nicht, die Gährung vollständig zu unterdrücken. Nimmt man jetzt statt des schleimigen Mostes eine wässrige Nährlösung (enthaltend z. B. auf 100 Theile Wasser 15 Th. Zucker, 0,5 Th. Weinsäure und 0,3 Th. Fleischextract), in welche hinein man eine Aussaat von Bierhefe vornimmt, so kommt man der Unterdrückung der Gährung wieder einen Schritt näher. Die vollständige Unterdrückung gelingt jedoch erst, wenn man in die Nährlösung vorher eine Zeit lang (etwa 1 Tag lang) Luft hineinleitet, welche mit Naphtalingas möglichst gesättigt ist. Letzteres führte ich aus, indem ich mittelst einer an den Hahn der Wasserleitung anzusetzenden Saugpumpe (vom Optiker Meschenmoser zu Strassburg) in die Nährlösung hinein Luft aspirirte, welche vorher durch eine lange u-förmige, mit Naphtalin angefüllte Röhre, resp. durch eine mit Naphtalin angefüllte Chlorcalciumflasche gestrichen war. Sobald die Nährflüssigkeit einen deutlichen Geruch nach Naphtalin erkennen lässt, kann man sie in inwendig mit Naphtalin überzogene Gläser bringen und unter die Naphtalinglocke setzen: die Hefebildung und Gährung bleibt alsdann aus. Hieraus folgt, dass das Naphtalingas auch für die Weinhefe ein intensives Gift ist.

8. Die bei der Essiggährung auftretenden Pilze sind bei Weitem empfindlicher als die Wein- resp. Bierhefepilze. Man kann hier eine ganz beträchtliche Verzögerung der Gährung erzielen, indem man die betreffende Flüssigkeit einfach der Naphtalinatmosphäre aussetzt. Ausgedehnte Versuche, die Pilzbildung auch hier vollständig zu unterdrücken, glaubte ich mir ersparen zu können, halte aber eine ähnliche giftige Wirkung des Naphtalingases auch auf andere, wenn nicht auf alle, Sprosspilzarten mindestens für sehr wahrscheinlich.

B. Wirkung des Naphtalin auf Schizomyceten.

1. Versuche mit Urin.

In vielen Fällen habe ich im kühlen wie im warmen Zimmer Trinkgläser (mit 150—200 Gramm Inhalt) voll frisch gelassenen Urin wochenlang in der Art conservirt, dass ich dieselben in der oben pag. 35 für penicillium glaucum angegebenen Weise unter einer Glasglocke dem Naphtalingas aussetzte. In allen genau in derselben Weise ausgeführten Controlversuchen ohne Naphtalin traten stets nach einigen Tagen die bekannten Fäulnissorganismen nebst Schimmelpilzen auf der Oberfläche auf. Herr Professor Dr. Hoppe-Seyler, welchem ich dies Ergebniss mittheilte, forderte mich auf, recht zahlreiche Versuche anzustellen, da es häufig gelinge, Urin ohne alle Vorsichtsmassregeln wochenlang klar und unzersetzt zu erhalten, wie er dies in seinem Institut für physiologische Chemie häufig beobachtet habe. Da ich die oben genannten zahlreichen Versuche sämmtlich in Räumen des Strassburger Bürgerspitals, also in einer ferment- und microorganismenreichen Luft, angestellt hatte, und da meine Controlversuche ohne Naphtalin sämmtlich mit

Zersetzung und Organismenentwickelung verliefen, während die mit Naphtalin behandelten Proben sämmtlich unzersetzt blieben, so konnte ich nicht umhin, dem Naphtalin eine, die Entwickelung von Micrococcen und Bacterien hemmende Wirkung, zunächst für den Urin, zuzuschreiben. Ich wiederholte jedoch alle Versuche auch ausserhalb der Spitalräumlichkeiten: stets mit demselben Resultate. Die Gläser, in welchen sich der mit Naphtalin zu behandelnde Urin befand, waren vorher an der Wasserleitung gespült und nur mittelst eines Handtuchs abgetrocknet; weitere Reinigungsproceduren unterblieben. Nimmt man statt der Gläser mit oben weiter Oeffnung solche mit enger Oeffnung, so kann gelegentlich der Erfolg ausbleiben, indem das Naphtalingas nicht genügend zur Wirkung kommt. Dasselbe kann gelegentlich eintreten, wenn man sehr tiefe Gläser benutzt und dieselben nur zu $^1/_3 — ^1/_4$ vollfüllt. Setzt man dem in Gläser oder Flaschen gefüllten Urin Naphtalinpulver in beliebig grosser Menge zu, so tritt regelmässig Fäulniss des Urins ein, indem das auf dem Boden der Flüssigkeit befindliche, in wässrigen Flüssigkeiten unlösliche Naphtalin nicht in genügender Menge in die Flüssigkeit hineindiffundiren kann, um zur Wirkung zu gelangen; selbst wenn solche Flaschen gut verkorkt werden, kann man nach mehreren Tagen kaum eine Spur von Geruch nach Naphtalin entdecken, der Urin geht vielmehr Zersetzung ein; die aus dem Urin beim Erkalten sich niederschlagenden Salze lagern sich ausserdem auf das am Boden befindliche Naphtalin ab und verhindern dessen Diffusion in die Flüssigkeit. Auch durch häufiges Schütteln des mit Naphtalinpulver versetzten Urins verhindert man dessen Zersetzung nicht.

Setzt man ein Glas mit bereits in Zersetzung

begriffenem Urin unter die Naphtalinglocke, so geht die Zersetzung zunächst ruhig weiter, man kann selbst nach 8—10 Tagen kaum eine Spur von Naphtalin in dem Urin durch den Geruch constatiren. Meist bemerkt man jedoch innerhalb der 2ten bis 3ten Woche, dass die Intensität der Zersetzung abnimmt gegenüber den Controlproben ohne Naphtalin; allmählich lässt die weitere Zersetzung nach, die Flüssigkeit nimmt intensiveren Geruch nach Naphtalin an, die Trübung schwindet, die Fäulnissorganismen setzen sich zu Boden und sterben ab. In einem Falle gelang es mir, bereits faulen und mit Schimmel bedeckten Urin innerhalb 14 Tagen nicht nur von Schimmel ganz zu befreien, sondern auch vollständig zu klären und die Zersetzung zu sistiren; in diesem Falle hatte jedoch eine Quantität Naphtalin auf dem Boden des Glases mitgewirkt. Es liess sich deutlich erkennen, dass sich seit dem Beginn der 2ten Woche um einzelne grössere in die Flüssigkeit hervorstehende Krystalle eine helle Zone bildete, welche sich von Tag zu Tag verbreiterte.

Aus diesen Versuchen mit Urin lässt sich schliessen, dass dem Naphtalin antibacteritische Eigenschaften zukommen, dass es sowohl die Entwickelung der Microorganismen zu verhüten, als auch nach bereits erfolgter Entwickelung derselben einen hemmenden resp. sistirenden Einfluss zu entfalten im Stande ist. Ob bei genügend langer Einwirkung auch eine Vernichtung der Sporen erfolgt, konnte ich nicht feststellen, möchte dies jedoch nach den neuesten Erfahrungen des Herrn Geh.-R. Dr. Koch[1] bezweifeln, nach dessen Untersuchungen in

[1] Mittheilungen aus dem Kaiserlichen Gesundheitsamte, Berlin 1881, pag. 263.

der That heroische Mittel dazu gehören, die Bacillensporen zu vernichten und eine «vollständige Desinfection» zu erzielen, Mittel, deren wir uns am menschlichen Körper wohl nie zur Zerstörung von Sporen werden bedienen können, weil sie, namentlich die nöthige Zeit hindurch angewendet, weit eher den menschlichen Organismus zerstören würden als die Sporen.

2. Versuche mit Milch.

a. Einwirkung auf den Gerinnungsprocess der Milch. Um eine dauernde Einwirkung des Naphtalingases auf die Milch zu erzielen, verfuhr ich in ähnlicher Weise wie in den Versuchen mit Weinhefe (s. oben pag. 40 f.), indem ich mit Naphtalin gesättigte Luft mittelst der Meschenmoser'schen Saugpumpe continuirlich in die Milch hineinleitete. Die beim ruhigen Stehen der Milch unter der Naphtalinglocke sich bildende Rahmschicht ist dem Eindringen des Naphtalin hinderlich, man kann an solcher Milch selbst nach mehreren Tagen keinen Geruch nach Naphtalin entdecken. Sogleich beim ersten Versuch mit Aspiration des Naphtalingases in die Milch stellte sich heraus, dass diese innerhalb der gewöhnlichen Frist und selbst bis zum 7ten Tage keine Spur einer Gerinnung zeigte, während Proben derselben Milch beim ruhigen Stehen alle innerhalb 2 Tagen geronnen waren. Proben am 7ten bis 9ten Tage obiger mit Naphtalin behandelter Milch in einem Liqueurgläschen bei warmer Zimmertemperatur von 15° C, unter die Naphtalinglocke gesetzt, waren nach 24 Stunden geronnen, im kalten Zimmer von 8—10° C hielten sie sich 3—4 Tage, beim gelinden Erwärmen über der Spiritusflamme trat sofort Gerinnung ein. Die Reaction der Milch war ziemlich stark sauer. Bei dem Gerinnungsprocess fiel in die Augen, dass die Milch in toto zu einer dicken Masse erstarrte, ohne dass man eine Spur von Molken beobachtet hätte. Obiger Versuch wurde bis zum 12ten Tage fortgesetzt und dann unterbrochen, ohne dass Gerinnung eingetreten wäre. Vom 6ten—7ten Tage des Versuchs ab konnte man das Vorhandensein von Buttersäure durch den Geruch constatiren; bei der microscopischen Untersuchung zeigten sich vom 5ten Tage ab Microorganismen in der Milch, und zwar zunächst bacterium termo; erst später, vom 7ten Tage ab, trat daneben der bacillus subtilis auf. Die Bildung von Milchsäure in der Milch, welche beim Beginn des Versuchs bereits ganz schwach sauer reagirte, nahm im Verlauf des Versuchs beständig zu. Offenbar war durch das Einleiten von Luft + Naphtalin die Milchsäurebildung beeinträchtigt worden; und da nach Hoppe-Seyler die Bildung der Milchsäure aus dem Milchzucker unter Einwirkung eines Fermentes zu Stande kommt, welches in der Milchdrüse gebildet mit der Milch aus der Drüse kommt, so muss ich die Möglichkeit zugeben, dass von Seiten des Naphtalin eine Einwirkung auf dieses Ferment stattgefunden habe. Ausserdem jedoch konnte das Ausbleiben der Gerinnung der Milch auf eine Wirkung des Sauerstoffs der atmosphärischen Luft zurückgeführt werden, welcher durch die Aspiration mit in die Milch hineingelangt war. Ich änderte deshalb den Versuch in der Art, dass ich zwei gleich grosse Mengen (je $^1/_4$ Liter) Milch in derselben Weise, wie ich vorher angegeben habe, behandelte, jedoch so, dass durch die eine Hälfte nur Luft, durch die andere Hälfte Luft + Naphtalin hindurchströmte. Die Gerinnung blieb zunächst in beiden Proben aus, jedoch machten sich folgende Unterschiede geltend:

1. Kleine Proben, vom 7ten Tage ab entnommen, zeigten im warmen Zimmer innerhalb 24 Stunden Ge-

rinnung; bei der mit Luft behandelten Milch trat dabei Molkenbildung auf, bei der andern fehlten die Molken gänzlich.

2. Die mit Luft behandelte Milch zeigte vom 6ten—7ten Tage ab einen beträchtlicheren Milchsäuregehalt als die andere.

3. Proben vom 7ten—12ten Tage ergaben nach dem Neutralisiren und Erhitzen bei der mit Luft behandelten Milch einen intensiven Geruch nach Buttersäure, während ein solcher bei der andern kaum wahrnehmbar war.

4. Nachdem der Versuch am 12ten Tage unterbrochen und die Proben im warmen Zimmer ruhig hingestellt waren, trat in der mit Luft behandelten Milch nach dem 1ten Tage Gerinnung ein, bei der andern erst am 3ten Tage.

Wenngleich ich nach diesen Versuchen eine Wirkung des Naphtalin auf die chemische Umsetzung der Milch beobachtet zu haben glaube, bin ich weit entfernt, für diese Beobachtung eine genügende Erklärung abgeben zu wollen.

b. Einwirkung auf die in der Milch auftretenden Microorganismen. Obige Milchproben zeigten beide etwa vom 5ten Tage des Versuchs ab Microorganismen, anfangs fast ausschliesslich bacterium termo, später, vom 7ten—8ten Tage ab, auch bacillus subtilis, es schien jedoch in der nur mit Luft behandelten Milch eine viel intensivere Organismenentwickelung eingetreten zu sein. In exacter Weise lässt sich die Einwirkung des Naphtalin auf die Microorganismen der Milch an dem Milchserum nachweisen.

Man warte den Gerinnungsprocess der Milch ab, trenne durch Filtriren mittelst eines Tuches den Käsestoff von den Molken und filtrire letztere mehrere, 3—4,

Male durch schwedisches Filtrirpapier, um ein möglichst klares, durchscheinendes Serum zu erhalten. In diesem Serum findet man meist Microorganismen, wenn auch in spärlicher Menge. Lässt man es an der Luft oder unter einer Glocke stehn, so überzieht sich nicht nur die Oberfläche des Serum sehr bald mit Schimmelpilzen, sondern es stellt sich meist schon innerhalb eines Tages eine intensive Trübung ein, welche durch eine enorme Entwickelung von Micrococcen und Bacterien herbeigeführt wird; zugleich treten Zersetzungsgase auf. Alles dies bleibt vollständig aus, wenn man das Serum der Naphtalinatmosphäre aussetzt: in diesem Falle bleibt es Wochen und Monate lang klar wie zu Anfang des Versuchs, flüchtige Säuren (Buttersäure) entwickeln sich nicht, die bei Beginn des Versuchs etwa vorhanden gewesenen Microorganismen setzen sich zu Boden und sterben ab. Dieser Versuch gelingt regelmässig, wenn die Quantität Serum nicht grösser ist als ein Liqueurgläschen voll (30—50 g). Will man grössere Gläser voll Serum (150—200 g) frisch erhalten, so setze man dem Serum noch Naphtalinpulver zu. Um den Einwand zu entkräften, als ob die intensiv saure Reaction des Serum der Bacterienentwickelung hinderlich sei, da ja Bacterien gegen grössern Säuregehalt höchst empfindlich sind, braucht man nur die Controlproben zu beobachten, welche dieselbe Säuremenge enthalten und nach 1—2 Tagen von Microorganismen wimmeln; man kann ferner das dem Naphtalin ausgesetzte Serum ganz oder theilweise neutralisiren, ohne eine Spur von Organismenbildung zu finden.

Aus diesen Versuchen folgt, dass das Naphtalingas für die in dem Milchserum auftretenden Organismen ein intensives Gift ist. Denn nicht nur wird die Entwickelung der Microorganismen unterdrückt, sondern bereits eingetretene Entwickelung derselben sistirt. Setzt man mit Oidium überzogenes, durch Bacterien getrübtes Serum dem Naphtalin aus, so zerfallen zunächst die Pilze und nach etwa 10—14 Tagen bemerkt man eine ganz allmähliche Abnahme der Trübung, ein Zeichen, dass die Zersetzung nachgelassen hat. Ob das Naphtalingas auf die Dauer die Sporen der Bacterien tödtet, bleibt vor der Hand unentschieden.

3. Versuche mit Blut und Eiter.

Proben von frischem Eiter aus kalten oder heissen Abscessen, z. Th. rein, z. Th. mit Beimengung von Blut, in dünner Schicht dem Naphtalingas ausgesetzt, bleiben wochenlang frei von Fäulnissgeruch. In der Regel findet jedoch innerhalb der 2ten Woche an dem Bodensatz (Coagula, Flocken und Eiterkörperchen) eine ganz schwache Bacterienentwickelung statt, wahrscheinlich weil das Naphtalingas nicht in genügender Menge in den Bodensatz hineindringen kann. Aus demselben Grunde gelingt es nicht, dicken Eiter mit rahmiger Beschaffenheit vollkommen frei von Microorganismen zu erhalten. Verdünnt man jedoch solchen Eiter oder Blut mit Wasser und filtrirt, so bleibt die Flüssigkeit wochenlang vor jeder Zersetzung bewahrt; meine Erfahrungen erstrecken sich einstweilen auf $2^1/_2$—3 Wochen. Will man die Blutcoagula, Eiterflocken und Eiterkörperchen vollständig vor Fäulniss bewahren, so muss man sie mit Naphtalinpulver möglichst innig verreiben. Da man das Naphtalinpulver in beliebiger Menge direct auf Wundflächen appliciren kann, und mithin so, dass das Wundsecret durch eine dicke Schicht von Naphtalin hindurchsickern muss, ehe es nach aussen gelangt, so ist man im Stande, auf der Wundfläche eine sehr intensive antiseptische Wirkung des Naphtalin zu entfalten. Selbst wenn in den äusseren Verbandstoffen eine Entwickelung von Microorganismen stattfände, würden letztere schwerlich bis zur Wunde gelangen können. Ich habe zahlreiche microscopische Untersuchungen der Wundsecrete unter Naphtalinverbänden vorgenommen; in der Mehrzahl, besonders bei nicht zu profuser Secretion, fehlten die Organismen gänzlich, in einer verschwindend kleinen Zahl liess sich in den äusseren Verbandschichten ganz schwache Entwickelung von Micrococcen in Diplo- und Streptoform nachweisen. Bacterien habe ich bis jetzt nie in solchem Secret gefunden, ebenso wenig wie Colonienanordnung. Namentlich aber fehlen die Microorganismen gänzlich innerhalb des Naphtalinpulvers und unter demselben, wenn solches in genügender Menge auf die Wunde gebracht war. — Ob neben der Wirkung auf Microorganismen auch eine solche auf nichtorganisirte Fermente in den Wundsecreten existirt, kann ich nicht entscheiden.

4. Versuche mit Hydrocelenflüssigkeit.

Mit frischer Hydrocelenflüssigkeit kann man in derselben Weise verfahren wie mit frischem Urin (vgl. oben pag. 42 f.). Dieselbe nimmt unter der Naphtalinglocke meist sehr bald intensiven Geruch nach Naphtalin an und bleibt verhältnissmässig lange vollständig klar und frei von Microorganismen. Meine bisherigen Erfahrungen erstrecken sich auf 12—14 Tage, da ich aus anderen Gründen genöthigt war, die Versuche zu unterbrechen. In den Controlproben ohne Naphtalin trat am 5ten Tage eine rasch zunehmende Trübung und Microorganismenentwickelung auf. Ist die Hydrocelenflüssigkeit mit Flocken untermischt, so ist es zweckmässig, dieselbe vor dem Versuch zu filtriren; oder aber, wenn man letzteres unterlässt, so überziehe man die Innenfläche des Glases vorher mit Naphtalin mittelst der Naphtalinätherlösung und setze der Flüssigkeit Naphtalinpulver zu, damit die sich absetzenden Flocken durch das Naphtalin beeinflusst werden können.

Um zu erfahren, ob, abgesehen von der Einwirkung auf Microorganismen, dem Naphtalin etwa eine Einwirkung auf das unorganisirte Ferment zukomme, welches bei dem Gerinnungsprocess nach dem Zusammenmischen von Hydrocelenflüssigkeit mit frischem Blutserum (fibrinogener und fibrinoplastischer Substanz) eine Rolle spielt, stellte ich im Strassburger Institut für physiologische Chemie unter gütiger Unterstützung des Herrn Professor Dr. Hoppe-Seyler folgende Versuche an. Hydrocelenflüssigkeit von verschiedenen Patienten, welche 1, 2, 3, 4, 5 oder 6 Tage lang unter der Naphtalinglocke gestanden hatte, wurde mit frisch bereitetem Serum von Kaninchenblut gemischt und alsdann wieder unter die Naphtalinglocke gesetzt. Es trat jedoch Gerinnung ein gerade so wie in den Controlproben ohne Naphtalin. Nur in einem Falle blieb (aus unbekannter Ursache) die Gerinnung aus. Es waren in diesem Falle die 4 Tage lang dem Naphtalingas ausgesetzte Hydrocelenflüssigkeit sowohl als das zu verwendende Blutserum in dem Doppelflaschenapparat von Hoppe-Seyler [1] etwa 1 Stunde lang einer mit Naphtalin gesättigten Luft ausgesetzt, damit beide Flüssigkeiten vor dem Zusammenbringen noch möglichst von dem Naphtalingas beeinflusst würden. Die Gerinnung blieb aus, sowohl in dieser Probe, als in der anderen nicht in dem Doppelflaschenapparat behandelten; warum, blieb

[1] Siehe Hoppe-Seyler, über die Einwirkung des Sauerstoffs in Gährungen (Festschrift zur Feier des 25jährigen Bestehens des pathologischen Instituts zu Berlin), Strassburg 1881 pag. 5 ff.

unbekannt. Es war von vornherein unwahrscheinlich, bei diesen Versuchen mit Hydrocelenflüssigkeit eine Einwirkung des Naphtalin auf das Ferment zu erhalten, da letzteres aus dem Blute kommt. Leider kann man jedoch das Blutserum selbst nicht in ähnlicher Weise Tage lang dem Naphtalingas aussetzen, weil das Blutserum alsdann ohnehin Veränderungen erleiden würde, so dass nunmehr beim Zusammenmischen mit Hydrocelenflüssigkeit keine Gerinnung mehr eintreten könnte.

Dass jedoch dem Naphtalin eine gewisse Einwirkung auf unorganisirte Fermente nicht vollständig abzusprechen ist, lehrt folgender Versuch mit Urinferment. Letzteres Ferment wurde mir von Herrn Musculus, Oberapotheker des Bürgerspitals zu Strassburg, gütigst überlassen; ich erhielt von ihm mit dem Ferment imprägnirtes, nach Herrn Musculus präparirtes Filtrirpapier, in welchem das Ferment Monate und Jahre lang seine Wirksamkeit behält. Bestreicht man solches Fermentpapier mit Curcumatinctur, lässt es trocknen und pinselt dann eine wässrige Lösung von Harnstoff auf, so findet alsbald unter Einwirkung des Fermentes die Zersetzung des Harnstoffes statt: das gelbgefärbte Fermentpapier wird durch Bildung von Ammoniak braun gefärbt. Setzt man das Fermentpapier vorher 1 Tag lang der Naphtalinatmosphäre aus, so ist die Wirkung des Fermentes bedeutend abgeschwächt: das Braunwerden, welches in dem Controlversuch ohne Naphtalin bereits 1 Minute nach dem Aufpinseln der Harnstofflösung begann, zeigte sich nach der Behandlung unter der Naphtalinglocke erst nach 10 bis 15 Minuten. Setzte ich die betreffende Harnstofflösung 1 Tag lang unter die Naphtalinglocke, so trat beim Aufpinseln auf das gelbgefärbte dem Naphtalin nicht ausgesetzte Fermentpapier das Braunwerden statt nach einer Minute erst nach 3 bis 4 Minuten auf; wurde ebendieselbe dem Naphtalingas ausgesetzte Harnstofflösung auf das ebenfalls dem Naphtalingas 1 Tag lang ausgesetzte Fermentpapier aufgepinselt, so konnte nach $^1/_2$ Stunde noch keine Spur einer Harnstoffzersetzung durch Braunwerden des Fermentpapiers constatirt werden. Aus diesem Versuch ergiebt sich eine ziemlich intensive Beeinflussung des Urinfermentes durch das Naphtalingas. Vermuthlich wird bei dauernder Einwirkung des letzteren das Ferment vollständig unwirksam gemacht werden können; jedoch habe ich hierüber bis jetzt noch keine Erfahrung.

5. Versuche mit Fleisch.

Setzt man Muskelfleisch der Naphtalinatmosphäre aus, so wird der Eintritt der Fäulniss hinausgeschoben, aber nicht unterdrückt. Offenbar gelingt es dem Naphtalingas nur, die oberflächlichsten Schichten genügend zu beeinflussen, indem es in die tieferen Schichten nicht hineingelangt. Namentlich wird dasselbe nicht in die Muskelfaser selbst hineingelangen können. Um hier eine Naphtalinwirkung zu entfalten, müsste das Fleisch in möglichst kleine Stücke zerhackt, alsdann in der Reibschale möglichst fein verrieben und schliesslich mit möglichst fein gepulvertem Naphtalin innig gemischt werden, damit möglichst kleine Fleischtheilchen mit möglichst kleinen Naphtalintheilchen in möglichst nahe Berührung kommen. Letztere Versuche führte ich nicht mit Muskelfleisch aus, sondern ging sogleich zu Versuchen mit dem fäulnissfähigsten Fleische, dem Pancreas, über. Zugleich bemerke ich, dass ich bis jetzt mit den Lösungen von Fleischextract noch nicht zum Ziele gelangt bin; es gelang mir nicht, dieselben völlig frei von Microorganismen zu erhalten. Vermuthlich wird man bei zukünftigen Versuchen hier in ähnlicher Weise verfahren müssen, wie bei der Weinhefe (vgl. oben pag. 40 f.), indem man das Wasser, in welchem man den Fleischextract lösen will, vorher mit Naphtalingas sättigt, den Fleischextract selbst mit Naphtalinpulver verrieben einige Zeit lang stehen lässt etc.

6. Versuche mit Pancreas.

Wird frisches Pancreas fein zerhackt, alsdann in der Reibschale möglichst fein zerrieben und schliesslich mit Naphtalinpulver innig gemischt, so tritt eine bedeutende Verzögerung der Fäulniss sowie der Entwickelung der Microorganismen zu Tage. Während Pancreas ohne Naphtalin bei Zimmertemperatur bereits nach 24 bis 36 Stunden stark zu faulen beginnt, wurde in den entsprechenden Proben, welche mit 10, 20 resp. 30 Gewichtstheilen Naphtalin verrieben waren, erst am 5ten Tage deutlicher Fäulnissgeruch constatirt, die microscopische Untersuchung ergab das Vorhandensein von Microorganismen, jedoch in verhältnissmässig geringer Menge. Am 5ten — 6ten Tage trat eine intensivere Gasentwickelung ein, so dass die mit Naphtalin zu Brei verriebene Substanz wie Teig aufzugehen schien. Beim abermaligen Verreiben mit 10—20 % Naphtalinpulver lässt sich die weitere intensive Zersetzung abermals um mehrere Tage hinausschieben. Da bei völliger Abwesenheit von Microorganismen, allein durch Pancreasfermente, die Zersetzung der Eiweisskörper unter Bildung derselben Fäulnissproducte wie bei der Bacterienfäulniss erfolgt, so ist das Auftreten von Fäulnissgasen allein kein Criterium für das Vorhandensein oder Fehlen einer Wirkung des Naphtalin auf Microorganismen. Um dies zu entscheiden, muss die microscopische Untersuchung zu Hülfe kommen. Es war mir nun von vornherein unwahrscheinlich, dass sich die Entwickelung von Microorganismen durch Verreiben von Pancreas mit Naphtalin würde gänzlich unterdrücken lassen. Um letzteres zu erreichen, wäre es nothwendig, die denkbar kleinsten Theilchen Pancreas mit kleinsten Theilchen Naphtalin in möglichst innige Berührung zu bringen, und wie wenig nahe man diesem idealen Ziele mit dem gewöhnlichen Hackmesser und der Reibschale kommt, ist bekannt.

Die Entwickelung von Microorganismen lässt sich jedoch auch dann nicht unterdrücken, wenn man zerhacktes Pancreas mit Wasser auszieht, filtrirt und diese Flüssigkeit mit Naphtalin behandelt, sei es, dass man dieselbe einfach unter die Naphtalinglocke setzt, sei es, dass man Luft + Naphtalin hindurchleitet, sei es endlich, dass man die mit Naphtalin gesättigte Luft in dem Hoppe-Seyler'schen[1] Einflaschenapparat mit der Pancreasflüssigkeit in beständiger Berührung hält.

Nachdem ich mich durch eine grosse Zahl von Versuchen mit Pancreas überzeugt hatte, dass man hier mit dem Naphtalin nicht vollständig zum Ziele gelangen könne, versuchte ich, ob vielleicht das in neuester Zeit viel gepriesene Jodoform, ein in seinen physicalischen Eigenschaften (Aggregatzustand, Löslichkeitsverhältnissen, Flüchtigkeit) dem Naphtalin nahe stehender Körper, eine intensivere Wirkung zu erzielen im Stande sei. Es stellte sich jedoch heraus, dass die Wirkung des Jodoform auf Pancreas hinter derjenigen des Naphtalin bedeutend zurücksteht. Man kann gleiche Gewichtsmengen Jodoform und Pancreas verreiben und wird bereits am 3ten Tage die ausgesprochenste Fäulniss und Bacterienentwickelung constatiren. Dasselbe erfolgt, wenn man das Jodoformgas auf Pancreasflüssigkeit in der bei den Naphtalinversuchen angegebenen Weise einwirken lässt. Sodann führte ich

[1] l. c

die pag. 35—42 beschriebenen Versuche mit Schimmelpilzen zum Theil in derselben Weise, statt mit Naphtalin, mit Jodoform aus, und fand, dass das Jodoform nach Aussaat von Sporen zwar eine Entwickelung derselben verhütet, dass aber bereits in Entwickelung begriffene Pilze weiter wachsen, freilich langsamer, als ohne Jodoform. Es war also hier ebenfalls eine schwächere Wirkung des Jodoform als des Naphtalin erkennbar. Dasselbe stellte sich heraus, wenn ich Jodoform auf Urin einwirken liess: es ist mir nicht gelungen, Urin mit Hülfe des Jodoformgases bei Zimmertemperatur länger als 7 Tage frei von Microorganismen zu erhalten.

Nach diesen wenigen vergleichenden Versuchen habe ich Grund, an den intensiv antiseptischen resp. antibacteritischen Eigenschaften des Jodoform zu zweifeln und halte dasselbe jedenfalls für schwächer in dieser Hinsicht wirkend als das Naphtalin, bin jedoch weit entfernt, desshalb den Werth des Jodoform als Wundverbandmittel herunterdrücken zu wollen.

7. Wirkung des Naphtalin auf Pigmentbacterien.

a) Wirkung des Naphtalin auf die Organismen des blauen Eiters. Der sogenannte blaue Eiter kommt in der Strassburger chirurgischen Klinik ziemlich häufig zur Beobachtung. Auch unter Wundverbänden mit Naphtalin trat derselbe in einzelnen Fällen auf, dabei liess sich jedoch constatiren, dass die Entwickelung der Microorganismen nur an den Rändern des Verbandes und in den oberflächlichen Verbandschichten erfolgte. War das Naphtalin in Substanz in grösserer Menge auf die Wunde applicirt, so blieb an diesen Stellen die Entwickelung vollständig aus, namentlich blieb das Naphtalinpulver selbst schön weiss und nahm keine Spur der blauen Farbe an. Wird eine Wunde (Beingeschwür), welche sammt der umgebenden Haut von den Microorganismen des blauen Eiters inficirt ist und blaue Farbe zeigt, mit Naphtalin in Substanz behandelt, so sistirt an allen denjenigen Stellen, wo das Naphtalin hinkommt, sofort die Entwickelung der Microorganismen, und in einigen Tagen verschwindet die blaue Farbe.

b) Wirkung auf den Micrococcus cyaneus.

In mehreren Fällen siedelten sich auf der Rahmschicht von Milchproben, die als Controlpräparate ohne Naphtalin dienten, blaue Micrococcen in Zoogloeaform an, und zwar stets vergesellschaftet mit Oidium lactis. Wurden solche Proben unter die Naphtalinglocke gesetzt, so zerfiel die Oidiumwucherung sehr bald, und die weitere Entwickelung der Micrococcen hörte auf. Impfungen der Micrococcen auf Milchproben, welche dem Naphtalingas ausgesetzt waren, blieben sämmtlich erfolglos, während dieselben bei Milch, die nicht mit Naphtalin behandelt war, fast immer gelangen. Da sich auf der Oberfläche der dem Naphtalin ausgesetzten Proben nicht ein einziges Mal Pigmentbacterien zeigten, und sämmtliche Impfungen mit solchen erfolglos blieben, so musste dies der Einwirkung des Naphtalin auf diese Microorganismen zugeschrieben werden.

8. Wirkung des Naphtalin auf den Butylbacillus.

Herr Dr. Albert Fitz zu Strassburg hatte die Güte, einige Versuche zu machen, um eine etwaige Einwirkung des Naphtlingases auf die Entwickelung des von ihm rein cultivirten Butylbacillus festzustellen. Sogleich bei dem ersten Versuch stellte sich eine so deutliche Wirkung heraus, dass ich mich mit diesem Resultate zufrieden gab. Der Versuch wurde in der Weise ausgeführt, dass unter eine Glasglocke, unter welcher sich ein Uhrschälchen mit Naphtalin befand, die Nährflüssigkeit vor der Aussaat 1—2 Stunden lang hingestellt wurde, so dass beim Aussäen des Bacillus die Nährflüssigkeit bereits eine geringe Menge Naphtalin in sich aufgenommen hatte. Die Entwickelung des Bacillus war so stark retardirt, dass es keinem Zweifel unterlag, dass die vollständige Unterdrückung gelingen würde, wenn der Versuch in analoger Weise, wie bei der Weinhefe angegeben, ausgeführt würde.

Aus dem Vorstehenden erhellt, dass das Naphtalin antibacteritische Eigenschaften besitzt. Leider standen mir keine Milzbrandbacillen zu Gebote, um eine etwaige Einwirkung des Naphtalin auch auf diese festzustellen. Bei der Erwägung, dass die Naphtalingasmenge, welche genügt, um ein Trinkglas voll Urin frei von Microorganismen zu erhalten, so gering ist, dass dieselbe nicht wägbar sein dürfte, wird man berechtigt sein, das Naphtalin den besten der bisher bekannten und erprobten antibacteritischen Substanzen zur Seite zu stellen.

Die Zeit, in welcher die auf Seite 35 u. ff. beschriebenen Versuche angestellt worden sind, fällt in die Herbstferien 1881 und den Anfang des Wintersemesters 1881/82. Es waren die besten der bis dahin käuflichen, nämlich die von der bewährten Firma Trommsdorff in Erfurt beziehbaren Naphtalinpräparate angewendet worden, Präparate, welche ich für genügend rein hielt, um jede Mitwirkung etwaiger minimaler Beimengungen auszuschliessen. Als jedoch bei den inzwischen in der Strassburger chirurgischen Klinik im Grossen angestellten Versuchen mit denselben Naphtalinpräparaten sich hie und da beim Wundverbande ungünstige Nebenwirkungen (dunkler Urin, Schmerzhaftigkeit der Wunden etc.) zeigten, unterzog auf meine Veranlassung Herr Dr. Gustav Schultz, Privatdocent der Chemie in Strassburg, die gedachten Präparate einer genauen Prüfung, auf Grund deren er mir mittheilte, dass das Trommsdorff'sche Naphtalinum albissimum resublimatum nur «beinahe frei von Chinolinbasen und Phenolen» sei. Er stellte mir ausserdem noch einige vollständig gereinigte («chemisch reine») Naphtalinproben zur Verfügung. Die Herren Ohlgardt und C° in Kehl am Rhein stellten darauf solches chemisch reines Naphtalin im Grossen her, und dies wird seit März 1882 in der Strassburger chirurgischen Klinik angewendet. Ich selbst habe durch einige Versuche mit dem reinen Naphtalin die Probe gemacht, ob es genau dieselbe Wirkung auf Microorganismen entfaltete wie die Trommsdorff'schen Präparate. Das Resultat war, dass das reine Naphtalin dieselben Wirkungen, nur ein wenig abgeschwächt, hervorruft. So z. B. gebrauchte das reine Naphtalin gewöhnlich etwas mehr Zeit (etwa 1—2 Tage mehr), um die auf der Oberfläche von Flüssigkeiten etc. befindlichen Schimmelpilze zu tödten. Fliegen, Mücken, Spinnen und dergleichen, welche, dem Trommsdorf'schen Naphtalin ausgesetzt (vgl. pag. 60), nach 10—15 Minuten krank wurden und starben, blieben in dem chemisch reinen Naphtalin wenige Minuten länger am Leben; der schliessliche Erfolg jedoch war stets derselbe. Um die Entwickelung von Microorganismen im Urin und dergleichen zu verzögern oder zu verhüten, mussten meist kleinere Mengen Flüssigkeit und grössere Glasglocken genommen werden als bei Anwendung des Trommsdorff'schen Naphtalin. Offenbar spielen also die dem letzteren in Spuren beigemischten, flüchtigen, schon durch den Geruch erkennbaren Nebenproducte eine, wenn auch untergeordnete Rolle.

II. Wirkung des Naphtalin auf niedere Thiere.

Seitdem das Naphtalin in grösseren Mengen in der Strassburger chirurgischen Poliklinik zur Verwendung kam, konnten die dort wirkenden Aerzte, Wärter und Studenten die Beobachtung machen, dass sie in viel geringerem Grade von dem Ungeziefer belästigt wurden, welches täglich von den Kranken mit hereingeschleppt wird. Auf den Boden des Abfertigungszimmers der Poliklinik war beim Verbinden der Kranken eine mehr oder weniger grosse Menge von Naphtalinkrystallen gefallen. Der wohlthuende Einfluss dieses Naphtalin äusserte sich in der beständigen Desinfection, sowohl in loco, als durch Verdunstung in der Zimmerluft; namentlich aber wurde seitdem fast nichts mehr von den zahlreichen sonst auf dem Boden umherhüpfenden Flöhen gespürt. Selbstverständlich wurde das Naphtalin darauf auch als Mittel gegen sonstiges Ungeziefer, Kopfläuse, Filzläuse, namentlich aber gegen Krätzmilben versucht und festgestellt, dass diese Thiere dem Naphtalin nicht zu widerstehen vermögen. Setzt man Fliegen, Mücken, Spinnen etc. dem Naphtalingas aus, so werden diese Thierchen nach kurzer Zeit betäubt, fallen meist auf den Rücken und gehen bald zu Grunde, wenn sie nicht wieder an die frische Luft gebracht werden. Je grösser die Thierchen sind, um so mehr Naphtalin können sie vertragen[1]. Als Mittel gegen Motten ist das Naph-

[1] Eine kurze, aber, wie ich oben gezeigt habe, den Thatsachen nicht ganz entsprechende Notiz über die Wirkung des Naphtalin auf Insecten findet sich im Bulletin de la Société d'encouragement pour l'industrie nationale, Paris 1867, p. 737: «M. Pelouze (Eugène) adresse à la Société une étude sur l'emploi de la naphtaline pour empêcher les plantes d'être

talin schon seit mehreren Jahren, sowohl in Museen, besonders für Insectensammlungen, als auch bei Pelzhändlern und in der Haushaltung im Gebrauch, und dürfte in analoger Weise, namentlich im Sommer gegen Insecten überhaupt empfehlenswerth sein. Auch in Kasernen wird das Naphtalin mit Erfolg gegen das Ueberhandnehmen von Insecten, namentlich Wanzen, angewendet.

Es ist mithin wahrscheinlich, dass das Naphtalin bei allen parasitären Hautkrankheiten pflanzlicher und thierischer Art mit Erfolg wird angewendet werden können. Unter den hierher gehörigen Krankheiten ist die Krätze wohl die häufigste. Das Naphtalin wurde daher in den Herbstferien des Jahres 1881 in der Strassburger chirurgischen Poliklinik zunächst bei Krätzkranken erprobt.

1. Wirkung des Naphtalin bei Scabies[1].

In der Strassburger chirurgischen Poliklinik kam eine Salbe von Naphtalin und Vaseline zu gleichen Theilen in Anwendung. Die Kur beschränkte sich meist darauf,

attaquées par les insectes. Il résulte des expériences nombreuses de M. Pelouze, que la naphtaline ne détruit pas les insectes, mais les fait fuir. Cet agent préservateur n'a besoin d'être employé qu'à très petites doses, et peut rendre ainsi de grands services à l'agriculture.» (Comité d'agriculture.)

1 Mittlerweile hat bereits Herr Professor Dr. Fürbringer in Jena das Naphtalin gegen Krätze in der Weise mit Erfolg angewendet, dass er etwa 100—150 Gramm einer einfachen 10—12 % Lösung in Leinöl pro Person und Kur verwendete. Die Uebelstände, welche sich bei einigen der von ihm behandelten Kranken nach seinem Bericht (in der Berliner klinischen Wochenschrift 1882 N° 10) zeigten, rühren offenbar, wie der genannte Gelehrte mir auch brieflich mitzutheilen die Güte hatte, nur davon her, dass er, gleich dem Herrn Dr. Anschütz in Königsberg, nicht genügend reines Naphtalin angewendet hatte

dass der Kranke mit dieser Salbe tüchtig eingerieben und alsdann nach Hause geschickt wurde. Die Salbe bleibt einige Tage auf der Haut und befreit gleichzeitig durch den Naphtalingeruch den Patienten von etwaigem sonstigen Ungeziefer (Kleiderläusen, Flöhen). Diese Einreibung, die sich jeder Kranke selbst zu Hause machen kann, wird, wenn nach der ersten Anwendung keine vollständige Heilung der Krätze eingetreten sein sollte, nach mehreren Tagen wiederholt. Das Quantum der zu applicirenden Naphtalinsalbe wechselt je nach der Grösse der erkrankten Körperoberfläche und nach der Intensität der Affection, und kann bei einem erwachsenen Menschen bis zu 100 Gramm betragen. Dass bei Anwendung einer vorbereitenden Kur — ähnlich wie dies bei der Vlemingkx'schen Kur geschieht (also durch $^1/_2$ stündiges Einreiben des Körpers mit schwarzer Seife, $^1/_2$ stündiges Baden in warmem Wasser und Reiben des Körpers mit Seife während dieser Zeit) — der Erfolg der Naphtalinbehandlung vollständiger und sicherer sein wird als ohne diese Proceduren, liegt auf der Hand. Da die meisten Krätzkranken heutzutage ambulant behandelt werden, also nicht der vollständigen Spitalpflege verfallen, so macht sich bei der Naphtalinkur der durchdringende Geruch des Naphtalin für die Umgebung des Patienten gelegentlich in lästiger Weise geltend, ein Uebelstand, welcher in der Bonning'schen Publication berührt ist, woselbst auch das Nähere über die Resultate der Naphtalinbehandlung bei Krätze in der Strassburger Poliklinik eingesehen werden kann.

2. Herpes tonsurans.

Herr Dr. Alfred Wolff, Privatdocent zu Strassburg, wandte in 2 Fällen von Herpes tonsurans die Naphtalinsalbe als Heilmittel an und erzielte innerhalb 14 Tagen vollständige Heilung, wogegen Herr Professor Dr. Fürbringer[1] bei dieser Affection bisher keine sonderlichen Erfolge sah.

3. Ebenso bewährte sich das Naphtalin, in Form der Salbe angewendet, in 2 Fällen von Eczema marginatum Hebra vorzüglich und führte innerhalb 14 Tagen Heilung herbei.

4. In 2 Fällen von Favus bei Kindern stellte sich nach Anwendung der Naphtalinsalbe innerhalb einiger Wochen eine derartige Besserung ein, dass bei wiederholt vorgenommenen microscopischen Untersuchungen der zur Einleitung der Kur abrasirten Haare keine Pilze mehr an den Wurzeln ausgerissener Haare gefunden wurden; indessen kann ich, da die beiden Patienten «als geheilt» nach Hause geschickt sind, über die Beständigkeit der Heilung genaue Angaben nicht machen.

Diese bisher wenig zahlreichen Beobachtungen über die Heilkraft des Naphtalin bei parasitären Hautkrankheiten genügen, um die Specialärzte dieses Faches zu **weiteren Versuchen** auf diesem Gebiete zu ermuntern.

Drittes Kapitel.

Verwendung des Naphtalin bei inneren Krankheiten.

Da das Naphtalingas, selbst in grossen Mengen und lange Zeit hintereinander eingeathmet, für den menschlichen Organismus verhältnissmässig unschädlich ist, so lag der Gedanke nahe, es auch bei Erkrankungen der Respirationsorgane anzuwenden, bei welchen es zur Entwickelung sowohl von Micrococcen und Bac-

[1] l c.

terien als auch von Pilzen kommt (bei Scharlach, Diphteritis, Lungenerkrankungen etc.). Ich nahm deshalb Rücksprache mit Herrn Professor Dr. Kohts, welcher die Güte hatte, das Naphtalin zunächst auf seiner Abtheilung des Strassburger Hospitals für scharlachkranke und diphteritische Kinder anzuwenden. Das Naphtalin wurde in grossen Mengen auf den Boden der Krankensäle, zum Theil auch auf die Betten hingestreut, so dass sich bald eine stark naphtalinhaltige Luft in den Sälen entwickelte. Nach Mittheilung des genannten Gelehrten sind, seitdem das Naphtalin angewendet wird, auf den Krankensälen selbst keine Uebertragungen von Scharlach und Diphteritis beobachtet worden, was vor dieser Zeit häufig vorkam. Dagegen liess sich bisher auf den Verlauf der schweren Diphteritisfälle kein merklicher Einfluss des Naphtalin constatiren, weder durch fortgesetzte Einathmungen der naphtalinhaltigen Luft noch durch locale Application des Naphtalin in Salbenform oder in ätherischer Lösung.

ZWEITER ABSCHNITT.

Verwendung des Naphtalin in der Landwirthschaft.

Während die Verwendung des Naphtalin in der Heilkunde darauf geführt hat, diesen Stoff nur in möglichst reinem Zustande anzuwenden, um etwaige nachtheilige Wirkungen der dem unreinen Naphtalin anhaftenden Nebenprodukte auf den menschlichen oder thierischen Organismus auszuschliessen, ist für die Verwendung des Naphtalin in der Landwirthschaft die Reinheit desselben so wenig nothwendig, dass sogar die Wirkung auf die den Pflanzen anhaftenden parasitären Organismen eine um ein weniges energischere und dabei doch der Pflanze selbst nicht schadende ist, wenn das Naphtalin in nicht ganz gereinigtem Zustande in Anwendung kommt. Diese etwas energischere Wirkung des nicht gereinigten Naphtalin erklärt sich namentlich aus den ihm gewöhnlich beigemengten Creosot- und Phenol-Derivaten.

Da aber die im Handel vorkommenden rohen (nicht oder doch unvollständig gereinigten) Naphtalinpräparate solche fremden Substanzen in sehr verschiedenem Procentgehalt beigemengt enthalten, so habe ich selbst bei meinen auf die Verwendung des Naphtalin in der Landwirthschaft gerichteten Versuchen zunächst gereinigtes Naphtalin angewendet. Damit der einigen im Handel befindlichen Naphtalinproducten innewohnende übergrosse Procentsatz fremder Beimengungen (wie denselben aus der braunen Farbe des Präparates und aus dem intensiven Geruch jeder Landmann leicht feststellen kann) den edleren Pflanzen, wie z. B. den Weinstöcken, bei der Verwendung des Naphtalin keinerlei Schaden zufüge, wird es sich empfehlen, das Rohnaphtalin nicht unmittelbar in Berührung mit den Wurzeln der Pflanzen zu bringen, sondern durch eine beliebige dünne Erdschicht von der Wurzel zu trennen. Diese Vorsicht ist jedoch nur dann nothwendig, wenn die Application des Rohnaphtalin zu einer Zeit geschieht, wo die Wurzel des Weinstocks bereits junge Schösslinge getrieben hat, also im Monat Mai oder später. Geschieht die Application im Herbst, Winter oder Frühjahr vor dem Auftreten junger Schösslinge, so schadet das aus den chemischen Fabriken bezogene Rohnaphtalin, selbst unmittelbar auf die Wurzel des Weinstocks gelegt, absolut nicht. Dazu kommt, dass ein grosser Theil der dem Rohnaphtalin beiwohnenden fremden Substanzen bald nachdem das Präparat in die Erde gelegt ist, sich chemisch umsetzt und als solcher daher bereits nach kurzer Zeit nicht mehr vorhanden ist. Namentlich das Feuchtwerden der Erde durch Regen etc. beschleunigt diesen Process. Ein erheblicher Theil der dem Rohnaphtalin beigemengten Substanzen wird, weil in Wasser löslich, durch den Regen von dem Orte, wo das Präparat ursprünglich eingelegt war, fortgewaschen und bewerkstelligt daher sogar auf weitere Strecken hin die Desinfection des Erdreichs. Factisch übernehmen also das Erdreich und der Regen bei der Verwendung des Naphtalin in der Landwirthschaft die Rolle des Chemikers, der das Naphtalin reinigt.

Rohnaphtalin in grösserem, ja in grösstem Umfange für die Landwirthschaft zu berücksichtigen, ist desshalb nothwendig, weil der Preis des Rohnaphtalin sich erheblich billiger stellt als der des gereinigten. Es ist kaum denkbar, dass ein zur Zerstörung parasitärer

Organismen an Pflanzen, also namentlich zur Zerstörung der Reblaus, geeigneter Stoff gefunden werde, der zugleich in beliebig grosser Menge und zu so niedrigen Preisen beschaffbar wäre, wie es das Rohnaphtalin schon jetzt ist.

Auf dem Londoner Weltmarkt ist nach meinen Erkundigungen das Rohnaphtalin zu etwa 25 ℳ. per 1000 Kilo, frei in's Schiff geliefert, käuflich, allerdings ohne Verpackung in Fässern, welche aber entbehrt werden kann, wenn das Naphtalin in ganzen Schiffsladungen exportirt wird. In letzterem Falle wird es genügen, da das Naphtalin in Wasser unlöslich ist, über das die Schiffsladung bildende Naphtalin irgendwelches deckende Material (Segeltuch oder Holz etc.) während der Fahrt zu decken. Auf jeden Fall würde ein für landwirthschaftliche Zwecke kaum in Betracht kommender Procentsatz des Naphtalin während des Transports durch Verdunstung verloren gehen.

In Paris sind einem von mir mit Erkundigungen beauftragten Bekannten 100 Frs. per 1000 Kilo abverlangt worden.

In Köln wurden mir auf Befragen für in Fässern verpacktes Naphtalin etwa 45 ℳ. per 1000 Kilo als Preis angegeben.

Durch die zu erwartende Concurrenz, welche selbst seitens überseeischer Plätze eintreten wird, sobald die Wichtigkeit des Naphtalin für die Zerstörung der Reblaus in weitesten Kreisen bekannt sein wird, werden die oben genannten Preise des Naphtalin noch erheblich sinken. Der Fall, dass in Folge der Anwendung in grossartigem Umfange Mangel an Naphtalin eintreten könnte, ist angesichts der weiten Ausdehnung der Leuchtgasherstellung geradezu ausgeschlossen.

In jedem Falle ist schon jetzt der Preisunterschied des Rohnaphtalin gegenüber dem chemisch reinen Naphtalin, welches letztere, wie oben bemerkt, bei Ohlgardt und C° in Kehl am Rhein auf 1000 ℳ. per 1000 Kilo (zu Detailpreisen berechnet) kommen würde, ein sehr grosser.

Gleich im Beginn meiner Experimente mit der Verwendung des Naphtalin in der Heilkunde im Herbst 1881 verfolgte ich den Zweck, die Möglichkeit seiner Verwendung zur Vertilgung parasitärer Organismen an Pflanzen und besonders zur Vertilgung der Reblaus zu erproben. Doch schien es mir wichtig, spezielle Experimente an Rebstöcken bis zum Frühjahr aufzuschieben, d. h. bis zu derjenigen Jahreszeit, in welcher das im Herbst an die Stammwurzel der Rebe dicht unter die Erdoberfläche gelegte und dort überwinternde Winter-Ei der Phylloxera auskriecht, und wo gleichzeitig mit dem Ausschiessen neuer Wurzelschösslinge des Weinstocks die im Erdboden befindlichen Jungfernweibchen der Phylloxera aus ihrem Winterschlaf erwachen, um ihr Zerstörungswerk zu beginnen.

Um gleich am Anfange des Frühjahrs 1882 meine Reblausversuche anstellen zu können, suchte ich bereits im Februar 1882 mit Besitzern von reblauskranken Weinbergen in Deutschland, Frankreich und Spanien Verbindungen anzuknüpfen.

Da mir bekannt war, dass im Rheinlande an der Ahr die Reblaus erst vor Kurzem aufgetreten ist, so reiste ich in den letzten Tagen des Monats Februar 1882 zu dem Weinbergbesitzer Herrn Albert Kreuzberg in Ahrweiler, um in der Umgebung von Ahrweiler die

Wirkung des Naphtalin an Weinstöcken selbst zu erproben. Das dortige reblauskranke Gebiet fand ich aber bereits vollständig desinficirt und sämmtliche reblauskranke Weinstöcke einschliesslich einer sie umgebenden Zone noch nicht erkrankter Weinstöcke ausgerodet. Auf eine am 3. März 1882 an Seine Excellenz den Herrn Oberpräsidenten der Rheinprovinz gerichtete Eingabe, in welcher ich auf meine Untersuchungen über die Wirkung des Naphtalin aufmerksam machte und auf die Möglichkeit der Bekämpfung der Reblaus hinwies, erhielt ich dementsprechend die Antwort, dass Versuche mit Mitteln zur Vernichtung der Reblaus am Reblaus-Herde an der Ahr grundsätzlich nicht gemacht würden. Sodann richtete ich ebenfalls am 3. März 1882 an das Ministerium für Agricultur in Paris folgende Eingabe:

«Dem hohen Ministerium für Agricultur in Paris «beehrt sich der Unterzeichnete in beiliegender Brochüre «die Resultate einer Reihe von Untersuchungen zu «unterbreiten, welche in den verflossenen Monaten «angestellt worden sind. Da das Präparat, um welches «es sich handelt, das Naphtalin, sich durch seine dele-«tären Wirkungen auf parasitäre Organismen pflanz-«licher und thierischer Art vor vielen anderen soge-«nannten desinficirenden Substanzen wesentlich dadurch «auszeichnet, dass es die höher organisirten Pflanzen und «Thiere wenig oder gar nicht schädigt, so dürfte, in «Rücksicht ferner auf die eminente Billigkeit des Präpa-«rates, dasselbe sich in verschiedenster Weise in der «Landwirthschaft mit Vortheil verwenden lassen, «und wäre

«1) bezüglich der pilztödtenden Eigenschaften «die Anwendung desselben zur Desinfection der «Vorrathskammern für Getreide, Kartoffeln, Säme-

«reien (also gegen den Getreiderost, den Kartoffel«pilz etc.),

«2) bezüglich der giftigen Wirkungen des Naph«talin auf niedere Thiere (Insecten, Spinnen etc.) «die Anwendung desselben gegen diese schädlichen «Organismen in der Landwirthschaft besonders her«vorzuheben. Da, wie es scheint, mit Hülfe dieses «Präparates auch der die Weinberge in weitem Um«fange verheerenden Phylloxera möglicherweise beizu«kommen wäre, ohne dass man die zu desinficirenden «Reben vollständig auszuroden brauchte, so dürfte «es sich der Mühe lohnen, Versuche in dieser Rich«tung zu unternehmen.

«Mit der ergebensten Bitte, diesen meinen Vorschlag «in gütige Erwägung ziehen und der Ausführung desselben «gütige Unterstützung leihen zu wollen, verharre ich in «Hochachtung und Ergebenheit

(folgt Namensunterschrift).»

Ich weiss nicht, ob es mir durch diese Vorschläge gelungen ist, die Aufmerksamkeit der französichen Regierung auf das Naphtalin als zweckmässiges Mittel zur Bekämpfung der Reblaus hinzulenken, da mir auf meine Eingabe keine Antwort geworden ist[1].

Um die Wirksamkeit des Naphtalin zur Zerstörung der Reblaus in Frankreich zu constatiren, blieb also nur der Weg privaten directen Anversuchens.

[1] Auch an Herrn Professor Dr. Karl Vogt in Genf als Mitglied resp. Vorstand der Reblauskommission für die Schweiz sandte ich am 30. April 1882 ein Exemplar meiner gedruckten Untersuchungen über die Wirkung des Naphtalin, nebst einem erläuternden Begleitschreiben, in welchem ich die Anwendung des Naphtalin für Versuche zur Vertilgung der Reblaus empfahl. Bisher ist mir aber Nichts über die Anwendung des Naphtalin in der Schweiz bekannt geworden.

Bereits im Februar 1882 fand ich Gelegenheit, mit dem Handlungshause Wœlffer, Andreæ und C° in Bordeaux Verbindungen anzuknüpfen, durch dessen Vermittlung praktische Versuche mit Naphtalin in reblauskranken Weinbergen in der Nähe von Bordeaux auf dem Besitzthum des Herrn Maurel in La Grave d'Ambarès im Frühjahr 1882 angestellt werden konnten. Das dazu verwendete Naphtalin wurde von Kehl aus am 1. März seitens der Firma Ohlgardt und C° den Strassburger Spediteuren Seegmüller und C° zur Besorgung nach Bordeaux übergeben und kam daselbst im Laufe des Monat März an.

Inzwischen reiste ich am 5. März nach Spanien, um, nach Kenntnissnahme von dem Stand der Reblauskrankheit in Malaga, auf dem Rückwege in Bordeaux die Naphtalinexperimente selbst zu leiten.

An die Weinhandlung der Herren Scholz Hermanos in Malaga hatte ich am 1. März 1882 eine Sendung Naphtalin spediren lassen, welche leider, als ich am 21. März in Malaga eintraf, daselbst noch nicht angekommen war. Die Resignation, mit welcher ein grosser Theil des betheiligten Publicums in Spanien die Vertilgung der Weinberge durch die Reblaus über sich ergehen lässt, sticht gegen das Interesse, welches man diesem Uebel in Frankreich entgegenbringt, seltsam ab. In zuvorkommender Weise vermittelten die Herren Scholz in Malaga, dass ich mit dem dortigen Apotheker Herrn Prȯlongo bekannt wurde, welcher sich für die Reblausfrage lebhaft interessirt. Da aber in der Umgegend von Malaga chemische Fabriken fehlen, so glaubte der genannte Herr die Möglichkeit ausgedehnter Versuche in den Weinbergen Malaga's zur Zeit verneinen zu müssen. Ich verliess deshalb Malaga, ohne an Ort und Stelle experimentirt zu haben. Seither ist mir keine Nachricht zugekommen, ob und in welchem Umfange in dortigen Weinbergen das Naphtalin erprobt ist.

Meine Strassburger Docentenpflichten gestatteten mir nicht, im Monat April 1882 längere Zeit in Bordeaux zu verweilen. Die Versuche mit dem von mir dorthin gesandten Naphtalin wurden deshalb in diesem Frühjahr nach meinen Rathschlägen während meiner Abwesenheit auf dem Besitzthum des oben genannten Herrn Maurel in La Grave d'Ambarès angestellt. Und zwar ertheilte ich folgende Anweisung in dieser Beziehung: «Es handelt sich darum, die von dem Insect ergriffene Wurzel des Weinstocks durch Graben eines Loches auf eine Strecke weit frei zu legen und das Loch mit Naphtalin resp. mit einer Mischung von Naphtalin und Erde auszufüllen, alsdann mit Erde zu überdecken. Das an der Wurzel des Weinstocks befindliche Naphtalin verdunstet langsam, die Gase des Naphtalin sind giftig für die Reblaus wie für alle Insecten, während die Pflanze selbst keinen nennenswerthen Schaden davonträgt. Es wäre also möglich, den Weinstock selbst zu erhalten. Meiner Ansicht nach dürfte für einen Weinstock die Menge von etwa 1 Kilo Naphtalin vollständig hinreichend sein, um ihn von dem Insect zu befreien[1].» Einige Zeit nachher erhielt ich die Nachricht, dass an einen Theil der Weinstöcke in La Grave d'Ambarès bei Bordeaux, nachdem in der von mir vorgeschriebenen Weise die Wurzel freigelegt war, je $^1/_2$ Kilo, an einen anderen Theil der Weinstöcke je 1 Kilo Naphtalin applicirt worden sei, und zwar in 2 verschiedenen Bodenarten, nämlich

[1] Ausführlicher ist das Verfahren unten beschrieben pag. 76 f.

1) in einem Weinberge, wo der Boden hauptsächsächlich grave ist, d. h. steinig resp. sandig, und

2) in einem Weinberge, wo der Boden mehr argile Beschaffenheit besitzt.

Es wurden möglichst kranke Stöcke ausgesucht, ihre Mutterwurzel freigelegt und das Naphtalin, theils unvermischt, theils vermischt mit etwas Erde, hineingeschüttet, hierauf das Loch wieder mit Erde zugeworfen.

Am 20. Juli meldete mir Herr Andreæ, dass es mit den Versuchen bis dahin gut zu gehen verspreche, dass die mit Naphtalin behandelten Stöcke wachsen und eine ganz gute Vegetation zeigen.

Während meiner Universitätsferien begab ich mich darauf am 18. September persönlich nach La Grave d'Ambarès zu Herrn Maurel, um an den mit Naphtalin behandelten Stöcken seiner Weinberge Controluntersuchungen vorzunehmen und zu prüfen, ob sich an den Wurzeln der mit Naphtalin behandelten Stöcke eclatante Unterschiede gegenüber anderen in denselben Besitzungen befindlichen, der Naphtalin-Behandlung nicht unterworfenen reblauskranken Stöcken herausstellen würden. Diese Controluntersuchungen hatten folgendes Resultat:

1) Sämmtliche mit Naphtalin behandelte Weinstöcke (etwa 15 Stück) hatten schöne neue Wurzeln getrieben, welche vollständig frei von Phylloxera waren. Die neuen Wurzelschösse waren bis zu 15—20 Centimeter lang, hatten zahlreiche, feinere und feinste Seitenfäserchen und waren in solcher Menge vorhanden, dass die betreffenden Weinstöcke für von Reblaus befreit und für gerettet

erklärt werden mussten. Besonders üppig und zahlreich zeigten sich die Wurzelneubildungen an denjenigen Stöcken, welche sich in dem Erdreich mit argiler Beschaffenheit befanden und bei welchen 1 Kilo Naphtalin zur Desinfection verwendet worden war. Wenngleich der Stamm und die Blätter der betreffenden Weinstöcke sich noch nicht wesentlich vor den übrigen nicht mit Naphtalin behandelten Weinstöcken durch neue Sprossbildungen und dergleichen auszeichneten, so ist zu erwarten, dass im Frühjahr 1883 sich derartige Unterschiede bereits in eclatanter Weise manifestiren werden und dass die betreffenden Weinstöcke in etwa 1—2 Jahren wieder Früchte tragen werden. Zur vergleichenden Controle wurden in gleicher Weise die Wurzeln mehrerer nicht mit Naphtalin behandelter reblauskranker Weinstöcke blossgelegt. Es zeigten sich an denselben absolut keine gesunden diesjährigen Wurzelschösse; bei den meisten derselben wurde nur die kahle abgefressene Stamm- resp. Mutterwurzel gefunden; an den noch vorhandenen jüngeren Wurzelresten setzten zahllose Rebläuse ihr Zerstörungswerk fort. Die mit Naphtalin behandelten Weinstöcke standen zum Theil tief im Thale in mehr feuchtem, zum Theil auf der Höhe in mehr trockenem Erdreich (vgl. oben pag. 73). In ersterem wie in letzterem war die Naphtalinwirkung eine gleich intensive: die Phylloxera war verschwunden und die Wurzelneubildung in der üppigsten Weise eingeleitet. Die neuen Wurzelschösse waren in grosser Zahl im Boden durch die Naphtalinlage durchgewachsen, sie hatten, wie sich der Arbeiter des Herrn Maurel ausdrückte, gleichsam die Drogue aufgesucht: ein

Beweis, dass das Naphtalin der Wurzel des Rebstocks selbst keinerlei Schaden zufügt.

2) Beim Blosslegen der Wurzeln der mit Naphtalin behandelten Weinstöcke, sowohl derjenigen, an deren Wurzel im Frühjahr je $^1/_2$ Kilo, als derjenigen, an deren Wurzel je 1 Kilo Naphtalin applicirt war, fanden sich am 18. September noch beträchtliche Mengen Naphtalin unzersetzt vor: ein Beweis, dass die Verdunstung des Naphtalin eine sehr allmählige, die Wirkung daher eine auf einen grossen Zeitraum, vielleicht sogar auf Jahre, vertheilte, also sehr nachhaltige ist.

Bei den Controlversuchen am 18. September war mir aufgefallen, dass die Blosslegung der Wurzeln der betreffenden Weinstöcke im Frühjahr in der Art stattgefunden hatte, dass man in einiger Entfernung (etwa 1 Fuss weit) von dem Stamm des Weinstocks direct auf die horizontal liegende Mutterwurzel in die Tiefe gedrungen war und in dieses Loch hinein, also in unmittelbare Nähe der Mutterwurzel, das Naphtalin geschüttet hatte. Nichtsdestoweniger waren jedoch auch von der (senkrecht vom Niveau der Erdoberfläche aus in die Tiefe gehenden) Stammwurzel des Weintocks zahlreiche neue Wurzeltriebe ausgegangen, und zwar galt dies nicht nur von derjenigen Seite der Stammwurzel, welche dem eingegrabenen Naphtalin zugekehrt war, sondern auch von der entgegengesetzten. Ich habe an mehreren der mit Naphtalin behandelten Stöcke mich von diesem Befunde überzeugt und glaubte die Beobachtung zu machen, dass die von der dem Naphtalin entgegengesetzten Seite der Stammwurzel ausgegangenen Wurzeltriebe zum Theil, bald nachdem sie eine Länge von einigen Centimeter erreicht, umgebogen waren, um alsdann in gerader Linie auf das Naphtalin loszuwachsen. Offenbar hatte also das in den Boden eingegrabene Naphtalin durch seine Verdunstung das Erdreich und das ganze Wurzelgebiet des Weinstocks derart durchdrungen, dass die Reblaus nicht weiter zu existiren vermochte.

Nach diesen Resultaten würde ich es für ziemlich gleichgültig erklären, zu welcher Jahreszeit man das Naphtalin in den Erdboden in die Nähe der Wurzel bringt; denn es verdunstet bei jeder Temperatur, wenn auch bei warmer schneller als bei kalter. Freilich wird man den Effect der Naphtalinwirkung am raschesten zu der Zeit bemerken, wo im Frühjahr mit dem Eintritt des warmen Wetters die Vegetation zu neuem Leben erwacht. Wird das Naphtalin im Herbste oder im Winter an den Weinstock gebracht, so wird es seine desinficirende reblaustödtende Wirkung auch in diesen Jahreszeiten entfalten, und die im Frühjahr noch vorhandenen Mengen Naphtalin werden die Desinfection in nachhaltiger Weise weiter übernehmen.

In diesem Umstande scheint mir eine Möglichkeit gegeben, die Kosten und die Arbeit bei der Application des Naphtalin an Weinstöcke zu vermindern. Es erscheint nämlich sehr wohl möglich, dass die Application des Naphtalin an Weinstöcke mit dem Akte des Düngens des Weinbergs verbunden werde. In welcher Weise diese Verbindung stattzufinden hätte, hängt von der in den einzelnen Weingegenden verschiedenen Art des Düngens ab. In Bordeaux z. B., wo die Weinstöcke durch Entfernungen von 1 Meter getrennt zu sein pflegen, wird, zum Zwecke des Düngens, durch einen mit Ochsen bespannten Pflug das Erdreich von der Stammwurzel des Weinstocks fortgelockert und in die Höhe geworfen, so dass die Stammwurzel auf die für uns nöthige Tiefe frei liegt; darauf wird dann Dünger in die Gegend dieser Wurzel applicirt. Ehe sodann die mit Mist versehene Furche durch den Pflüger wiederum mit Erdreich bedeckt wird, und zwar unmittelbar vor diesem Akte des Wiederbedeckens, könnte das Naphtalin auf den Mist in die Nähe der Wurzel gebracht werden.

Die Art und Weise der Application des Naphtalin an die Wurzel der Weinstöcke, wie sie bei den ersten Versuchen im Frühjahr 1882 in La Grave d'Ambarès bei Bordeaux stattgefunden, wird sich in der Weise vereinfachen lassen, dass man in dem Abstand von etwa 1 Handbreite rings um den Weinstock die Erde auf etwa 15—20 Centimeter Tiefe entfernt und die so entstandene Grube rings um den oberen Theil der Stammwurzel mit etwa 1 Kilo Naphtalin anfüllt und alsdann die Grube wieder zudeckt. Falls das Erdreich sehr steinig oder sandig ist, wird man zweckmässiger Weise die über das Naphtalin gedeckte Erde leicht feststampfen, weil sonst die Naphtalindämpfe in die Atmosphäre durchdringen und verfliegen könnten.

Im November 1882 begab ich mich nochmals nach Bordeaux und La Grave d'Ambarès, um die behandelten Weinstöcke einer erneuten Controluntersuchung zu unterwerfen und den Thatbestand feststellen zu lassen.

Der Herr Maire von La Grave d'Ambarès hatte die Güte, das Resultat dieser Controluntersuchung in folgendem amtlichen Attest niederzulegen :

«Je soussigné Maire de la commune d'Ambarès, can-«ton du Carbonblanc, département de la Gironde, certifie «que m'étant rendu le sept novembre courant sur la de-

«mande de Monsieur Maurel, propriétaire du domaine de «Bellevue, à La Grave d'Ambarès, pour vérifier les résul«tats obtenus sur ses vignes phylloxérées au moyen d'une «matière fournie et appliquée sous la direction de Monsieur «Alexandre Andreæ de Bordeaux dans le courant du mai «1882, j'ai constaté les faits suivants :

«La matière insecticide a été employée sur le domaine «de Monsieur Maurel, dans deux terrains de nature diffé«rente : l'un graveleux, l'autre argileux.

«Dans le terrain graveleux, j'ai constaté la formation «récente de quelques radicelles du collet de la vigne, mais «elles sont rares et d'un développement médiocre.

«Dans les terres argileuses, le bon résultat du trai«tement s'accuse avec beaucoup plus d'évidence. Du collet «de la vigne, des radicelles nombreuses, formant un beau «chevelu, plongent déjà dans le sol et semblent promettre «pour l'année prochaine une bonne végétation.

«La différence des résultats obtenus peut tenir à la «nature du terrain et à l'époque du traitement.

«La matière ayant été employée au mois de mai seu«lement, peut-être un peu tard, il serait possible que les «vignes des graves eussent manqué d'humidité pour com«mencer à reconstituer leurs racines, tandis que celles «plantées dans l'argile, favorisées tout l'été par l'humidité «que ce terrain conserve, se trouvaient dans des conditions «meilleures.

«Les vignes traitées étaient, lors de l'application de la «dite matière, dans un état désespéré, ainsi que l'indique «la taille qui leur avait été appliquée; du reste, les résul«tats de ce premier traitement ne sont pas apparents sur «la partie aérienne de la vigne, dont les racines seules «ont commencé à se reconstituer.

«Les pieds de vignes voisins de ceux traités, et pa-

«raissant très vigoureux, ont été déchaussés et examinés «avec soin, aucune trace de radicelle de formation récente «n'a pu être constatée.

«En foi de quoi j'ai délivré le présent certificat.

«Ambarès, 14 novembre 1882.

«*Le Maire,* A. CHARROU.»

Ferner bat ich Herrn Coupérie zu Bordeaux, secrétaire général der Gesellschaft für Agricultur daselbst, sich persönlich von den in La Grave d'Ambarès erzielten Resultaten zu überzeugen. Herr Coupérie entsprach diesem Wunsche in bereitwilligster Weise und stellte mir folfolgendes Attest aus:

«Je certifie avoir assisté aux expériences antiphylloxé«riques de M. Fischer, expériences consistant en une appli«cation de naphtaline sur une quinzaine de ceps de vignes «très malades, formant le centre d'une tache phylloxé«rique.

«L'opération a été faite fin mai 1882. Au mois de «novembre de la même année, j'ai constaté, en présence «de plusieurs témoins soussignés, qu'une grande quantité «de jeunes racines s'étaient développées sur les pieds traités; «les ceps voisins non traités en étaient dépourvus. — Les «pousses de ces quinze pieds étaient dans le même état «que celles des pieds non traités, ce qui peut s'expliquer «par l'application tardive du remède.

«Ces expériences ont été faites chez M. Maurel, pro«priétaire à La Grave d'Ambarès (Gironde).

«Bordeaux, 14 novembre 1882.

«S. COUPÉRIE.»

Herr Winter, Consul des deutschen Reichs in Bordeaux, welcher der Controluntersuchung ebenfalls mit beigewohnt hatte, erklärte seine volle Uebereinstimmung mit den von Herrn Coupérie in obigem Attest niedergelegten Beobachtungen und bethätigte diese seine Uebereinstimmung durch seine Unterschrift.

Die Wichtigkeit des Naphtalin betrifft aber nicht nur Rebstöcke, welche von der Phylloxera schon angegriffen sind, sondern dieses Mittel ist auch prophylactisch sowohl in allen denjenigen Gegenden zu verwenden, welche von der Nachbarschaft aus durch die Phylloxera nur bedroht sind, als auch bei jedem Transport von Rebstöcken zum Zweck des Handels und der Verpflanzung.

Bei den nicht erkrankten, sondern nur bedrohten Rebstöcken würde in derselben Weise verfahren werden müssen, wie bei den erkrankten; nur brauchte man eine viel geringere Menge Naphtalin, etwa den 4ten Theil, zu appliciren.

Beim Transport von Rebstöcken zum Zweck des Handels und der Verpflanzung könnte man gut schliessbare Behälter, in welchen die Pflanzen transportirt werden müssten, durch einfaches Hineinstreuen von einer kleinen Menge Naphtalin derart desinficiren, dass etwa vorhandene Rebläuse (selbst auch das geflügelte Insect) in dieser Naphtalinatmosphäre schon auf dem Transport zu Grunde gehen würden. Auch wäre das Erdreich, mit welchem etwa die Wurzeln der Rebstöcke während des Transportes bedeckt sind, mit kleinen Mengen Naphtalin zu mischen, und die Stöcke bei der Verpflanzung sofort durch Application von Naphtalin an die Wurzel in der oben beschriebenen Weise auf längere Zeit vor der Reblaus sicher zu stellen.

Das Naphtalin ist bereits in früheren Jahren als Mittel zur Vertilgung der Reblaus empfohlen und versucht worden. Im Folgenden habe ich Alles dasjenige zusammengestellt, was ich neuerdings über diesen Punkt in der mir zu Gebote stehenden Litteratur gefunden habe, Veröffentlichungen, die mir, bis auf die weiter unten mitgetheilte von Baudet, bisher unbekannt geblieben waren.

In dem 73. Band der Comptes rendus de l'Académie des Sciences (1871) findet sich pag. 900 folgende Stelle:

«M. Peyrat adresse une Note concernant une poudre insectivore contre la nouvelle maladie de la vigne (phylloxera vastatrix).»

Ferner heisst es im 75. Band (1872) pag. 772:

«M. Peyrat transmet à l'Académie quelques documents relatifs à la poudre insectivore qu'il propose contre le phylloxera.»

Wie aus der Publication von Maurice Girard[1] hervorgeht, ist der wirksame Bestandtheil des Peyrat'schen Pulvers das Naphtalin. Es heisst pag. 23 dieser Arbeit: «L'insecticide Peyrat, dont le principe actif est la naphtaline, fut aussi essayé de la même manière[2]. On sait que la naphtaline, jetée en poudre sur les champs, agit d'une manière très efficace (procédé E. Pelouze) pour

[1] «Études sur la maladie de la vigne dans les Charentes.» Mémoires présentés par divers savants à l'Académie des Sciences de l'Institut National de France, tome XXV (deuxième série) nº 4. Paris 1877.

[2] Nämlich, comme le poussier de houille (Kohlenstaub) qu'on a mis, en février 1874, contre des racines de vigne, en déchaussant le cep sur 5-6 centimètres et plaçant environ 1 centimètre d'épaisseur de houille sur 30 centimètres de rayon; les ceps ainsi traités étaient situés aux bords d'une tache. En juin 1874, on examina les racines des ceps ainsi entourés de houille: elles offraient des phylloxeras, mais en petite quantité (Girard pag 22 und 23).

écarter les Altises (Chrysoméliens, Coléoptères). La vigne avait été déchaussée, comme pour la houille, et on mettait une bonne poignée d'insecticide Peyrat par cep. Ces vignes eurent leurs feuilles jaunies, et on trouva les insectes sur les racines.»

Gegen diese Versuche ist folgendes zu bemerken :

1) Die Tiefe von 5—6 Centimeter, bis zu welcher das «Insecticide Peyrat» in den Boden gelegt wurde, ist viel zu gering. Die Naphtalindämpfe gelangen dabei zu schnell an die Erdoberfläche und verfliegen. Vermuthlich wird man bei der Controluntersuchung im Juni 1874 kein Naphtalin im Erdboden mehr gefunden haben, worüber von Girard nichts gesagt ist.

2) Die angewendete Menge des «Insecticide» ist viel zu gering gewesen. Das Naphtalin ist eine specifisch leichte Substanz. «Une bonne poignée» Naphtalin wiegt höchstens 50—60 Gramm. Da mir die procentische Zusammensetzung des Insecticide Peyrat unbekannt ist, so kann ich nicht sagen, wie viel Naphtalin bei den einzelnen Weinstöcken zur Verwendung gekommen ist; jedenfalls betrug es weniger als 50—60 Gramm, während nach unserm Verfahren ein Kilogramm verwendet werden soll. Im Uebrigen dürfte bei zweckentsprechender Application auch der geringen Menge von nur 50—60 Gramm Naphtalin wohl eine günstige Wirkung zu erzielen sein. Denn es unterliegt keinem Zweifel, dass diese Quantität Naphtalin, wenn sie etwa zwei oder dreimal so tief zu liegen kommt, als oben angegeben, und wenn sie ferner dicht und fest rings um die Stammwurzel des Weinstocks herangelegt wird, das Hinauf- und Hinuntersteigen der Phylloxeralarven erschwert oder unmöglich macht und somit z. B. den verderblichen Einfluss der aus dem Winterei ausschlüpfenden und an die Wurzel hinabsteigenden Phylloxera-

larven lähmt oder beseitigt. Freilich würde man alsdann später an der Wurzel des Weinstocks noch Phylloxeralarven vorfinden, nämlich diejenigen, die den Winter in der Erde zugebracht haben und sich im Frühling vermehren.

Betreffend das Insecticide Peyrat findet sich in der erwähnten Arbeit von Girard pag. 43 noch folgender Passus: «Insecticide Peyrat, 200 ceps traités sur deux rangs.; rien contre l'insecte ni comme engrais.» Weder aus dieser noch aus den kurzen Mittheilungen über die Verwendung des Insecticide Peyrat auf Seite 114 und 254 der Publicationen der Commission Départementale de l'Hérault, Expériences faites à Las Sorres (Montpellier 1877) lässt sich irgend ein Schluss ziehen, weder für noch gegen die Möglichkeit einer erfolgreichen Bekämpfung der Reblaus durch das Naphtalin.

Eine weitere Mittheilung, betreffend die Application von Naphtalin an reblauskranken Weinstöcken, findet sich in dem 74. Band der Comptes rendus de l'Académie des Sciences (1871) pag. 1159. Daselbst heisst es: «M. Baudet adresse une Note concernant l'emploi de la naphtaline pour combattre les ravages du phylloxera vastatrix. L'auteur répand la naphtaline en poudre soit sur les racines malades, que l'on a pris soin de déchausser, soit sur le tronc, les sarments et les feuilles, préalablement humectés avec de l'eau légèrement gommée ou gélatinée. (Renvoi à la Commission du phylloxera).» Ob dieses Procédé Baudet in seinen Einzelnheiten genauer beschrieben und veröffentlicht worden ist, ist mir unbekannt. Einige ganz kurze Angaben über seine Anwendung finden sich in den erwähnten Veröffentlichungen der Commission Départementale de l'Hérault von 1877 auf den Seiten 192 und 300, Angaben, welche ich in der französischen Ausgabe meiner Arbeit[1] wörtlich abgedruckt habe, und welche durchaus ungenügend für die richtige Beurtheilung der Wirksamkeit resp. der Nichtwirksamkeit des Naphtalin zur Bekämpfung der Reblaus sind.

E. Fallières[2] empfiehlt ein naphtalinhaltiges Gemenge von Gyps und anderen Körpern als Prophylacticum, um noch nicht angegriffene Weinberge vor der Phylloxera zu schützen. Das Verfahren besteht in der Anwendung dieses Gemenges von Gyps mit verschiedenen aus der Steinkohle gewonnenen brenzlichen Stoffen, in der Weise, dass man dasselbe auf den Erdboden streut. Der Gyps kann eine bedeutende Menge Naphtalin oder Theer aufnehmen, ohne seinen pulverigen Zustand zu verlieren, wodurch die Ausbreitung auf dem Boden sehr erleichtert wird. Selbstverständlich kann diese Application des Naphtalin und der übrigen insecticiden Stoffe des Gemenges nur die Wirkung haben, dass es die auf der Erdoberfläche von einem Weinstock zum andern hinüberkriechenden Phylloxeras schädigt, wogegen es die Verbreitung der Phylloxera innerhalb des Erdreichs nicht verhüten kann.

P. Mouillefert[3] hat unter den zahlreichen Producten, die er auf experimentellem Wege auf ihre Wirksamkeit zur Bekämpfung der Reblaus untersucht, auch das Naphtalin kurz und wie mir scheint viel zu kurz in das Bereich seiner Untersuchung gezogen. Zum Zweck

[1] E. Fischer, La naphtaline en médecine et en agriculture. Paris-Strasbourg 1882, pag. 76, 77.

[2] Comptes rendus 1874 (Ier semestre) pag. 555; siehe Annalen der Oenologie 1874 Bd. IV S. 569.

[3] Expériences faites à la station viticole de Cognac, pour combattre le phylloxera, par MM. Maxime Cornu et P. Mouillefert. Mémoires présentés par divers savants à l'Académie des Sciences de l'Institut National de France tome XXV (deuxième série), n° 3. 1877.

einer näheren Beleuchtung seiner Versuche scheint es nothwendig, zunächst das von P. Mouillefert über das Naphtalin Gesagte wörtlich wiederzugeben. Auf den Seiten 117 und 118 der Publication heisst es :

«*Naphtaline.*

«Les expériences faites avec cette substance ont été peu nombreuses, assez, cependant, pour établir son peu d'efficacité sur le parasite de la vigne.

«1° Expérience avec la vapeur. — Le 8 juillet, je plaçai 5 grammes de naphtaline dans un flacon de 2 litres, et avec trois fragments de racine je renouvelai l'expérience de l'acide phénique décrite ci-dessus [1]. La naphtaline dont je me suis servi était très blanche et très pure. Non-seulement les phylloxeras des racines qui n'avaient séjourné dans le bocal qu'un quart d'heure et quatre heures étaient vivants, mais ceux de la troisième racine, qui avaient été exposés vingt heures à la vapeur du produit, l'étaient aussi. L'effet, dans ce dernier cas, avait été aussi nul que dans les deux autres.

Après cette expérience, une autre racine fut encore mise dans le même flacon et exposée à la vapeur de 5 grammes de naphtaline pendant huit jours. Au bout de ce temps, je trouvai encore des phylloxeras vivants. J'étais donc édifié (?), de ce côté, sur l'énergie de cette substance.

«2° Expérience sur vigne phylloxérée en pot. — Le 23 juillet, je dépotai un plant phylloxéré ; je saupoudrai les parois et le fond du pot de naphtaline ; j'en répandis aussi sur la surface extérieure de la motte, par consé-

[1] pag. 113 : «Le 20 juillet, je plaçai 5 grammes d'acide phénique dans le fond d'un flacon de 2 litres, après avoir mis une feuille de papier au-dessus de l'acide, on introduisit trois morceaux de racine sur lesquels il y avait des phylloxeras ; on ferma ensuite le flacon avec un bouchon de liége.»

quent sur les racines du plant. Celui-ci ayant été rempoté, je mis encore de la naphtaline dans 5 trous faits avec un morceau de bois. 10 grammes furent ainsi répartis.

«Le 9 août, ce plant fut examiné: la naphtaline n'avait pas encore disparu ; il y en avait toujours dans les trous, mais je n'en vis plus sur les parois du pot. La vigne n'avait pas souffert depuis l'expérience. Quant aux phylloxeras, il y en avait encore; ils étaient seulement un peu moins nombreux qu'en premier lieu, mais cette diminution devait être exclusivement attribuée à la disparition d'un certain nombre de renflements. Ici encore le produit avait donc été sans action contre l'ennemi de la vigne.

«Le 23 septembre, il y avait encore des insectes sur les racines de la vigne.

«Comme le plant était arrosé suivant les besoins, l'eau, en passant sur la naphtaline, en entraînait une certaine quantité et la mettait ainsi à même d'agir constamment sur l'insecte, en la répartissant dans toute la masse de la terre.

«3° D'ailleurs, pendant 4 jours, j'ai arrosé un autre plant infecté avec de l'eau ayant séjourné huit jours sur cette substance, et qui en avait pris l'odeur. Je n'ai pas non plus constaté qu'elle eût produit un effet sensible sur le phylloxera.

«Devant des résultats aussi complètement nuls, je n'ai pas jugé utile d'expérimenter la naphtaline sur les vignes de la grande culture; son impuissance était suffisamment prouvée pour qu'on pût l'éliminer tout de suite.»

Was den ersten Versuch «Expérience avec la vapeur» anbelangt, so dürfte es der Mühe werth sein, den Versuch in der Weise zu wiederholen, dass man ein gut schliessendes Gefäss von einigen Litern Inhalt nähme, die Wände desselben innen mit Wasser anfeuchtete und alsdann mit feingepulvertem Naphtalin bestreute, um eine möglichst grosse Verdunstungsoberfläche des letzteren zu erzielen. Bringt man die mit Phylloxeras behafteten Wurzeln darauf in die so mit Naphtalingas geschwängerte Luft des Gefässes hinein, welches selbstverständlich gut verschlossen gehalten werden muss, so dürfte sich die Einwirkung des Naphtalingases auf die Phylloxeras sehr bald in deletärer Weise geltend machen, zumal wenn man den Versuch im warmen Zimmer ausführt oder das Glas sammt seinem Inhalt der strahlenden Sonnenwärme aussetzt. Man wird sich die Wirkung des Naphtalin wohl hier in ähnlicher Weise wie bei den übrigen Insecten und wie bei Schimmelpilzen dadurch erklären müssen, dass die Naphtalindämpfe diese Organismen durchdringen, bei den Insecten in die Tracheen eindringen und vielleicht auf dem Wege der Oxydation des Naphtalin zu Naphtol eine giftige Wirkung entfalten. Lässt man die Naphtalindämpfe in der Weise, in welcher es Mouillefert für die Phylloxera gethan, auf Schimmelpilze einwirken, so wird man nie eine intensive Wirkung erzielen, wie ich dies bei meinen Versuchen häufig erfahren habe; führt man hingegen die Experimente in der von mir auf pag. 35 u. ff. beschriebenen Weise aus, so gelangt man zum Ziel. Ich selbst habe bei meiner Anwesenheit in Bordeaux einige mit Phylloxeras behaftete kleine Wurzeln in einem Briefcouvert mit Naphtalin zusammengebracht und letzteres geschlossen; nach 3-4 Stunden fand ich keine sich von der Stelle bewegenden Phylloxeralarven mehr vor, während dieselben sich vorher in lebhafter Bewegung befunden hatten. Das verwendete Naphtalin war dasselbe wie das zu den Versuchen in La Grave d'Ambarès gebrauchte; es war schön weiss und gereinigt, aber nicht chemisch rein.

Dass Mouillefert bei seinem Versuch «Expérience sur vigne phylloxérée en pot» kein vollständiges Resultat erzielt hat, mag daran liegen, dass die angewendete Menge von 10 Gramm Naphtalin viel zu niedrig gegriffen war, und dass von diesen 10 Gramm nur eine minimale Quantität auf die Wurzel des phylloxerirten Weinstocks gestreut worden war: man kann wohl zu wenig, kaum aber zu viel Naphtalin zur Desinfection eines Weinstocks verwenden. Trotzdem wurde 17 Tage nach der Ausführung des Versuchs die Zahl der Phylloxeras vermindert gefunden, ein Umstand, den Mouillefert (entschieden mit Unrecht) nicht dem Naphtalin selbst zuschreiben möchte.

Dass endlich der 3te Versuch nicht zum Ziele führte, darf wohl nicht Wunder nehmen.

Den aus diesen drei Versuchen gezogenen Schlüssen Mouillefert's kann ich keineswegs zustimmen; im Gegentheil halte ich es für indicirt, weitere Versuche sowohl im Kleinen als namentlich auch an Weinstöcken in der «grande culture» anzustellen, zumal da ich selbst bei meinen wenigen Versuchen schon ein höchst beachtenswerthes Resultat erzielt habe. Ich kann nicht umhin, hier einen Artikel des berühmten Chemikers Dumas, des Secrétaire perpétuel de l'Académie des Sciences und Präsidenten der Reblauskommission, wörtlich wiederzugeben, welcher sich im 79. Band der Comptes rendus von 1874 (IIe semestre) pag. 935-937 abgedruckt findet. Es heisst daselbst:

«*Viticulture. — Sur la composition et les propriétés physiologiques des produits du goudron de houille. Note de M. Dumas.*

«Le goudron de houille et les produits fournis par les usines à gaz ayant excité l'attention d'un grand nombre de personnes qui se sont occupées à rechercher les procédés propres à la destruction du phylloxera, il m'a semblé qu'il ne serait pas inutile de soumettre à une analyse attentive les produits volatils de ce goudron et de comparer leurs effets physiologiques.

«J'ai opéré sur le goudron provenant des houilles de Bességes, sur lequel M. Balbiani a fait ses intéressantes expériences.

«Je n'entrerai pas ici dans les détails de l'analyse à laquelle je l'ai soumis. Elle ne pouvait avoir qu'un seul objet et devait consister à classer, par un premier triage, les produits de ce goudron en acides, en alcalis et en carbures neutres, plus ou moins volatils. En voici les résultats :

Composition du coaltar de la houille de Bességes.

		Pour 100.
Acides ou phénols		1,8
Alcaloïdes		2,5
Huiles liquides obtenues au-dessous de 110°		1,5
Huiles liquides obtenues	de 110 à 120°	1,0
» »	de 120 à 140°	1,5
» »	de 140 à 160°	1,4
» »	de 160 à 180°	1,2
Huile en partie solide	de 180 à 205°	1,7
Produits concrets	de 205 à 212°	3,6
» »	de 212 à 220°	5,8
» »	de 220 à 230°	3,6
Huile plus molle	de 230 à 240°	4,4
Produits solides	de 240 à 270°	4,5
» »	de 270 à 290°	3,1
» »	de 290 à 330°	4,2
» »	de 330 à 350°	3,8
Brai gras		3,9
Brai sec		42,2
Eau et perte		8,3

«Cette étude montre que la benzine existe dans ce goudron en proportion inférieure à ce qui s'en trouve généralement dans ces sortes de produits; il faudrait donc chercher ailleurs les propriétés spécifiques qu'on lui attribue.

«Ni les phénols, ni les alcaloïdes que ce goudron renferme n'en donneraient l'explication. M. Rommier a déjà fait voir que les alcaloïdes du goudron, quoique insecticides, ne jouissent pas, sous ce rapport, de caractères extraordinaires, et je me suis assuré qu'il en est de même des phénols du goudron qui nous occupe.

«J'ai donc institué une série d'expériences, en vue de reconnaître les pouvoirs insecticides relatifs des carbures d'hydrogène plus ou moins volatils que j'en avais séparés.

«J'ai fait, en conséquence, des mélanges de ces divers carbures avec du sable sec, renfermant chacun $^1/_{100}$ du carbure liquide ou solide.

«Dans un flacon d'une capacité de 100 centimètres cubes j'ai placé 1 gramme de l'un de ces mélanges que j'ai recouvert de ouate de coton; j'y ai introduit deux ou trois blattes, et j'ai refermé immédiatement ce flacon.

«Tous les produits volatils retirés du goudron et caractérisés comme carbures neutres, essayés de la sorte, ont plus ou moins rapidement amené la mort des blattes, comme on le voit dans le tableau suivant:

Produits liquides bouillant au-dessous de 110° . . Mort en 5 minutes.

Produits liquides bouillant . . . de 110 à 120° » 5—7 minutes.

» » . . . de 120 à 140° » 5—10 »

» » . . . de 140 à 160° » de même.

» » . . . de 160 à 180° » 10—15 »

Produits solides riches en naphtaline et bouillant de 180 à 240°. . . Mort en 65 ou 75 minutes, mais dès le premier quart d'heure, l'insecte se renverse sur le dos.

Produits bouillant de 240 à 270° . . . . Mort au bout de 12 heures.

» » 270 à 350° . . . » » 24 »

«Tous ces carbures, même les moins volatils, constituent donc d'énergiques insecticides. Les plus lents exercent une action sûre. Il semble donc que le goudron que j'ai employé se caractérise bien plutôt par la présence de la naphtaline ou d'autres carbures solides et par celle des huiles lourdes à faible tension, que par celle de la benzine ou des huiles légères et volatiles.

«Il doit peut-être même ses propriétés plus marquées à la faible volatilité de ces produits, qui, en leur permettant de rester longtemps dans le sol, leur donnerait le temps de fournir les vapeurs nécessaires à la destruction des phylloxeras les plus profonds. La benzine ou les huiles volatiles comme elle, après avoir tué tous les insectes placés dans leur voisinage, se dissiperaient dans l'air extérieur, n'atteindraient pas les profondeurs du sol et, ne laissant rien après elles, livreraient de nouveau à l'ennemi les racines qu'elles en auraient d'abord débarrassées.

«Les huiles lourdes, la naphtaline et les produits peu volatils contenus dans le goudron, au lieu de cet effet rapide, local et passager, auraient, au contraire, un effet lent, plus étendu et plus durable, qui semble mieux convenir à la double action qu'on cherche à produire: destruction des insectes présents, préservation contre de nouvelles invasions.

«On sait que les huiles lourdes sont déjà mises en usage par les horticulteurs comme insecticides. On sait aussi que la naphtaline est employée à tous les usages du camphre, pour la conservation des étoffes, des fourrures ou des pelleteries.

«Il m'a semblé nécessaire, toutefois, de dégager nettement sous ce rapport l'action propre de la naphtaline de celle des huiles carburées qui l'accompagnent lorsqu'elle n'a pas été très-soigneusement purifiée. J'ai consacré à quelques essais des échantillons de naphtaline que j'avais préparés moi-même autrefois, avec le plus grand soin, pour en faire l'analyse et pour déterminer la densité de sa vapeur. Elle s'est montrée toxique, avec lenteur, il est vrai, les blattes restant longtemps frappées de stupeur, mais finissant par succomber.

«Personne ne saurait avoir la prétention d'avoir dit le dernier mot dans une affaire aussi complexe que l'analyse du goudron de houille; mais ce qui précède autorise à conseiller de poursuivre et de varier l'essai des huiles lourdes et des carbures solides bruts du goudron, mêlés de sable ou de sciure de bois, d'autant plus que ces matières sont connues comme insecticides, qu'elles ne nuisent pas aux racines de la vigne, que de divers côtés on en a déjà fait usage, et qu'on peut en obtenir dans toutes les usines à gaz.

«C'est en multipliant et en variant de telles expériences que l'on parviendra à reconnaître s'il existe en effet des goudrons plus toxiques les uns que les autres, et si certains d'entre eux renferment quelques combinaisons spéciales douées de propriétés fortement insecticides.»

Wie aus dieser Mittheilung ersichtlich ist, spricht Dumas den im Steinkohlentheer enthaltenen Kohlenwasserstoffen und unter diesen dem Naphtalin energische insectentödtende Eigenschaften zu, ja er meint, dass die Wirkung des Steinkohlentheers sich viel mehr durch seinen Gehalt an Naphtalin oder anderen Kohlenwasserstoffen und durch die schweren in ihm vorkommenden Theeröle als durch den Gehalt an Benzin und leichteren und flüchtigeren Oelen charakterisire; zwar sei die Wirkung der ersteren langsamer, aber dafür auch länger andauernd, und Dumas ermuntert dazu, diese Körper des

Steinkohlentheers, welche den Wurzeln des Weinstocks nicht schaden und leicht zu beschaffen sind, durch zahlreiche Versuche weiter zu erproben.

Schliesslich sei es gestattet, für die praktische Verwendung des Naphtalin an reblauskranken Weinstöcken auf folgende Punkte aufmerksam zu machen.

1) Man achte darauf, dass das an die Wurzel des Weinstocks zu applicirende Naphtalin die Wurzel nicht nur an einer Seite berühre, sondern dieselbe ringsum umlagere. Auf diese Weise wird man mit völliger Sicherheit den im Frühjahr aus dem Winterei auskriechenden jungen Larven den Weg in das Erdreich hinein zu den jungen Wurzelfäserchen verlegen. Man macht so ferner den im Erdboden befindlichen Phylloxeralarven das Hin- und Herkriechen auf der Mutter- und Stammwurzel unmöglich; diese Larven werden kaum mehr der Stammwurzel entlang nach oben an die Erdoberfläche gelangen, von wo sie im Sommer gerne nach benachbarten Weinstöcken hinüberwandern. Sodann ist dem im Erdboden zum geflügelten Zustande heranwachsenden Insect auf diese Weise ebenfalls der Weg nach der Erdoberfläche hin erschwert und somit die Gefahr einer Verbreitung der Reblauskrankheit durch den Flug des Insects nach entfernten Orten hin verringert. Mag immerhin die geflügelte Phylloxera auch aus andern Spalten des Erdreichs, entfernt von der Stammwurzel, heraus zur Oberfläche kriechen, so steht doch fest, dass die Hauptverkehrsstrasse an oder dicht bei der Stammwurzel zu suchen ist. Durch das im Erdboden befindliche Naphtalin sind übrigens gerade diejenigen Theile des Wurzelgebietes des Weinstocks, an welchen vorzugsweise die Heranbildung der Nymphen und geflügelten Phyl-

loxeras stattfindet, d. h. die wenig tief gelegenen von dem senkrechten Theil der Stammwurzel ausgehenden feinen Wurzelschösslinge, derartig vor der Phylloxera sicher gestellt, dass die Bildung der Nymphen und der geflügelten Insecten bedeutend gestört oder unmöglich gemacht ist.

2) In denjenigen Weinbergen, wo die Mutterwurzel der zu desinficirenden Stöcke in einiger Tiefe unter dem Erdboden horizontal verläuft, würde es sich lohnen, in der Mitte zwischen je zwei Weinstöcken, oder, genauer gesprochen, an derjenigen Stelle, wo die Wurzelgebiete zweier benachbarter Weinstöcke unmittelbar an einander stossen oder in einander übergehen, ein Loch bis an die Wurzel zu graben, in welches hinein man etwa $^1/_2$ Kilo Naphtalin um die Wurzeln herum applicirte und alsdann das Loch mit Erde wiederum ausfüllte. Auf diese Weise würde denjenigen Phylloxeralarven, welche sich dem Einfluss des an der Stammwurzel des Weinstocks bereits applicirten Naphtalin zu entziehen suchten, die Flucht unmöglich gemacht; auch würde das innerhalb des Erdreichs stattfindende Wandern der Phylloxeralarven von dem einen Stock zum andern erschwert oder unmöglich. In denjenigen Weinbergen, wo die Stammwurzel senkrecht in das Erdreich hineindringt und wo die Wurzelgebiete benachbarter Stöcke wenig oder gar keine Berührungspunkte haben, wäre diese Application des Naphtalin zwischen zwei Stöcken unnöthig.

Nach den deutlichen Fingerzeigen, die in dem von Dumas verfassten oben abgedruckten Aufsatze für die practische Verwendung des Naphtalin an reblauskranken Weinstöcken gegeben sind, hätte man erwarten sollen, dass ein in der Reblausfrage so besonders interessirtes

Land wie Frankreich nicht eher von Experimenten mit Naphtalin abstehen würde, als bis vollständige Klarheit über die Wirkung desselben erlangt war. Allein die Versuche der französischen Gelehrten geriethen in's Stocken, als die oben berührten Experimente nicht sofort ein augenscheinlich glückliches Resultat lieferten.

Dass aber das Naphtalin in Wirklichkeit diese glücklichen Resultate schliesslich herbeiführen wird, ist nach dem überraschenden Erfolge der von mir in La Grave d'Ambarès angestellten Versuche nicht in Zweifel zu ziehen. Auch besitzt das Naphtalin allein von allen bisher in Frage gekommenen insectentödtenden Mitteln zur Vertilgung der Reblaus diejenigen Eigenschaften, welche die Rücksicht für die Schonung der edlen Weinstöcke fordert:

1) Unlöslichkeit in Wasser, so dass die Niederschläge atmosphärischer Feuchtigkeit die Wirksamkeit nicht schwächen.

2) Stark zerstörende Wirksamkeit wie gegen alle Parasiten so gegen die Reblaus.

3) Volle **Unschädlichkeit** wie für alle höheren Thiere und höheren Pflanzen so auch für den Weinstock, selbst wenn es in unmittelbarste Berührung mit demselben gebracht wird. Auf der Rebe vollzieht sich das Leben der Phylloxera; unmittelbar auf der Rebe ist daher auch das die Reblaus bekämpfende Mittel zur Verwendung zu bringen.

4) Wohlfeile Beschaffenheit beliebiger Mengen.

Die dringend zu rathende und gewiss zu erwartende Fortsetzung der Versuche zur Vernichtung der Reblaus durch das Naphtalin wird sicher dazu führen, dass dieses Mittel, wenn überhaupt durch insectentödtende Mittel die Reblaus vertilgbar ist, als das einzig empfehlenswerthe erkannt werden wird.

Kurze Notizen über sonstige Verwendung des Naphtalin in der Haushaltung und in der Landwirthschaft.

1. Auf pag. 35 ff. ist auseinandergesetzt, dass man Früchte, Weinbeeren, Obst durch den Einfluss des Naphtalingases gegen Schimmelpilzwucherungen schützen kann. Ob sich das Naphtalin im Grossen zur Vernichtung des Oidium, des sogenannten Mildew (faux-oidium), der die Anthracnose erzeugenden Pilze sowie sonstiger pflanzlicher Parasiten des Weinstocks mit Erfolg verwenden lässt, darüber fehlen mir bis jetzt Beobachtungen.

2. Ebenso wenig bin ich im Stande über die Bewahrung der Kartoffeln vor der Einwirkung des Kartoffelpilzes und der Fäule Versuche mitzutheilen. Doch weise ich darauf hin, dass man versuchen sollte, das Nachfaulen der Kartoffeln nach der Ernte in der Weise zu beschränken, dass man die Kellerräume mit Naphtalin desinficire, ehe man die Kartoffeln hineinbringt, dass man die zur Aussaat bestimmten Kartoffeln mit Naphtalinpulver bestreut aufbewahre, dass man bei der Aussaat im Frühjahr eine Quantität Naphtalin mit in den Erdboden bringe, und dass man die zur Nahrung bestimmten Kartoffeln, besonders in nassen Jahren, durch Zusatz von Naphtalin in gut schliessbaren Behältern aufhebe. Geruch und Geschmack der Kartoffeln nach Naphtalin und Unge-

niessbarkeit wären kaum zu fürchten, da beim Kochen der Kartoffeln das Naphtalin sofort verfliegen würde.

3. Meines Wissens verursachen die Erdflöhe den grössten Schaden durch Auffressen ganz junger zarter Pflänzchen, und zwar vorwiegend der der Familie der Cruciferen angehörenden. In Gegenden, wo die Rübe zur Zuckergewinnung im Grossen angepflanzt wird, wird nicht selten die ganze Ernte durch den schädlichen Einfluss dieses Insects vereitelt. Die Application des Naphtalin ist in diesem Falle höchst einfach. Es genügt, zu der Zeit, wo die jungen Pflänzchen die Erdoberfläche erreichen, Naphtalin über das Erdreich zu säen, und, wenn möglich, ganz leicht unterzuscharren, um den verderblichen Einfluss der Erdflöhe zu beseitigen. Das Naphtalin verdunstet so langsam, dass man es nach dem Uebersäen etwa 8—10 Tage lang durch den Geruch erkennt, und diese Zeit genügt, wie ich mich im Frühjahr 1882 persönlich überzeugt habe, um die jungen Pflänzchen soweit zu kräftigen, dass die Erdflöhe denselben nunmehr keinen erheblichen Schaden mehr zufügen können.

Im Frühjahr 1882 liess ich zur Vernichtung der Schabe (blatta orientalis) hinter einen Herd, wo diese Thiere zu vielen Hunderten hausten, eine kleine Quantität Naphtalin schütten. Nach kaum einer Minute suchten die Thiere dem Naphtalingas eiligst zu entrinnen. Viele von ihnen waren schon so weit betäubt, dass man sie mit dem Besen zusammenkehren und tödten konnte. Namentlich wenn man zur Anwendung des Naphtalin die kältere Jahreszeit wählt, vermag man diese der Wärme sehr bedürftigen Thiere sämmtlich in einer Nacht zu Grunde zu richten, da sie bei der Flucht von der mit Naphtalin desinficirten warmen Stelle durch die Kälte zu Grunde gehen.

Die zunächst im engeren Kreise ärztlicher Forschung gemachten Erfahrungen verallgemeinernd auf ein der ärztlichen Thätigkeit fremdes, aber für das Wohl der Menschheit wichtiges Gebiet übertragen zu haben, gereicht dem Verfasser der vorstehenden Abhandlung hoffentlich nicht zur Schande.

Strassburg, Univ.-Buchdruckerei von J. H. Ed. Heitz.

FSC
www.fsc.org
MIX
Papier | Fördert
gute Waldnutzung
FSC® C083411

Zeitfracht Medien GmbH
Ferdinand-Jühlke-Straße 7
99095 Erfurt, Deutschland
produktsicherheit@kolibri360.de